Inhalt

■ Zahlen und Operationen ▲ Raum und Form ▼ Muster und Strukturen ● Größen und Messen ◆ Daten und Zufall

1

2

a) 63 + 4	34 + 5	46 + 20	80 + 13	5 + 41
73 + 5	27 + 2	69 + 30	70 + 28	6 + 62
83 + 6	52 + 6	24 + 60	10 + 61	3 + 75
93 + 7	91 + 8	18 + 80	50 + 39	2 + 28

b) 59 − 7	69 − 7	54 − 4	85 − 70	90 − 3
49 − 6	48 − 4	98 − 8	57 − 40	40 − 6
39 − 5	72 − 1	57 − 7	97 − 80	70 − 5
29 − 4	86 − 3	12 − 2	31 − 10	20 − 8

3

a) 68 + 11	47 + 31	21 + 59
34 + 45	81 + 18	53 + 17
17 + 62	23 + 56	36 + 24
75 + 24	63 + 24	42 + 48

b) 94 − 22	76 − 44	100 − 43
83 − 51	49 − 38	100 − 57
68 − 16	15 − 13	100 − 62
55 − 32	37 − 26	100 − 98

4

a) 19 + ___ = 20	___ + 7 = 70
48 + ___ = 50	___ + 4 = 100
57 + ___ = 60	___ + 9 = 80
22 + ___ = 30	___ + 6 = 40

b) 50 − ___ = 43	___ − 9 = 31
80 − ___ = 79	___ − 5 = 65
60 − ___ = 54	___ − 3 = 27
90 − ___ = 82	___ − 2 = 18

5

a)	b)	c)	d)
40 + 1	60 − 10	11 + 9	19 − 8
40 + 2	60 − 9	22 + 8	28 − 7
40 + 3	60 − 8	33 + 7	37 − 6
40 + ___	60 − ___	___ + 6	___ − 5

e) ___ + ___

f) ___ − ___

1

2

Schreibe Aufgabenfamilien.

45 + 23 = 68
23 + 45 = 68
68 - 23 = 45
68 - 45 = 23

68
45 23

99
64 35

46 43

76
52

Denke an die Tauschaufgaben und Umkehraufgaben.

3

Solche Rechenvorteile kannst du in einem Lerntagebuch festhalten.

27 + 19
27 + 19
27 + 20 − 1
26 + 20

34 − 19
34 − 19
34 − 20 + 1
35 − 20

a) 48 + 19 36 + 19 67 + 29 25 + 29
53 + 39 19 + 49 74 + 18 56 + 28

b) 94 − 19 71 − 19 55 − 29 63 − 29
46 − 39 85 − 49 31 − 18 92 − 28

4

a) 4 + 2
14 + 12
24 + 22
34 + ▢

b) 18 − 5
28 − 15
38 − 25
48 − ▢

c) 31 + 13
31 + 24
31 + 35
▢ + 46

d) 99 − 19
88 − 28
77 − 37
▢ − 46

e) ▢ + ▢

f) ▢ − ▢

1

2

Wie rechnest du?

a)	b)	c)	d)
47 + 9	39 + 3	28 + 28	17 + 67
53 + 8	78 + 5	74 + 17	23 + 47
16 + 7	87 + 4	56 + 14	8 + 26
28 + 6	55 + 6	45 + 38	5 + 67

23 34 42 56 61 70 72 83 84 91

3

29	+	15	+
+		+	
37	+	19	
	+		

18	+	26	+
+		+	
33	+	19	
	+		

9	+	24	+
+		+	
18	+	47	
	+		

15	+	17	+
+		+	
19	+	49	
	+		

29	+	31	+
+		+	
22	+	16	
	+		

36	+	15	+
+		+	
22	+	27	
	+		

4

a) 24 + __ = 72
__ + 56 = 91
48 + __ = 86
57 + 34 = __
78 + __ = 93

b) 32 + 5__ = 90
4__ + 19 = 66
35 + __7 = 82
__8 + 56 = 74
64 + __7 = 81

c) 6__ + 15 = __4
__4 + 68 = 9__
28 + 6__ = __3
3__ + __2 = 61
__5 + 27 = 9__

1 Begriff Addition für Plusaufgaben einführen. Rechenkonferenz möglich. **3** Verknüpfungstabelle: Jeweils 3-mal waagerecht und senkrecht addieren.

1 ✿

2

Wie rechnest du?

a)	b)	c)	d)
73 − 6	47 − 9	64 − 36	56 − 28
53 − 7	75 − 8	71 − 25	92 − 57
65 − 8	96 − 7	54 − 37	62 − 45
47 − 9	63 − 6	82 − 53	77 − 48

17 28 29 35 38 46 57 67 89

3

	+ 12	28
	+ 39	82

	+ 18	39
	+ 27	71

	+ 28	28
	+ 45	93

37 +		54
	+ 42	95

	+ 19	28
16 +		
	+ 38	

8 +		27
	+ 18	
26 +		

4

a) 71 − 48 = ___
64 − ___ = 55
___ − 24 = 18
94 − ___ = 37
___ − 56 = 16

b) 41 − ___6 = 25
8___ − 49 = 32
62 − 2___ = 38
___4 − 37 = 17
83 − ___5 = 28

c) 77 − ___8 = 2___
___5 − 1___ = 67
6___ − 19 = ___3
84 − ___6 = 2___
7___ − 27 = ___4

1 Begriff Subtraktion für Minusaufgaben einführen. Rechenkonferenz möglich.

Rechnen und entdecken mit Zauberei

1 Löse die Zauberquadrate. Vergleiche sie.

a)

	12	
	10	
9		

immer 30

		22
	20	
		26

immer 60

b)

12	7	11	
			13
	9		14
15		8	

immer 30

24			0
	20		26
4			28
	8	16	

immer 60

2 Welche Zahl stimmt nicht? Korrigiere sie.

a)

8	3	4
1	5	9
6	7	0

immer 15

b)

8	13	6
7	4	11
12	5	10

immer 27

c)

5	16	12	17
18	11	15	6
19	10	14	7
8	13	4	20

immer 50

d)

6	16	8	30
28	10	18	4
26	12	10	2
0	22	14	24

immer 60

3 Löse die Zaubersterne.

a)

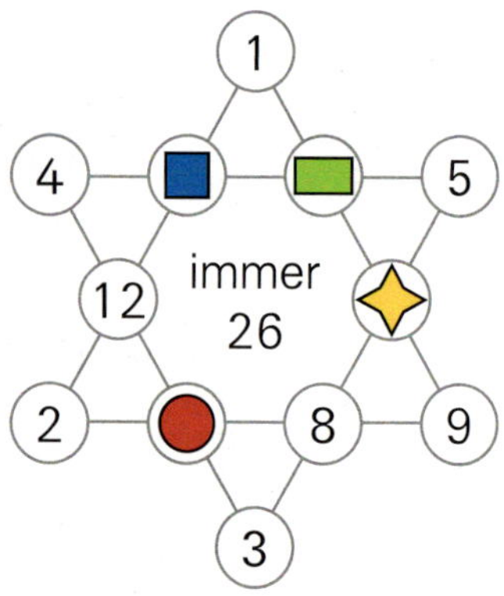

b)

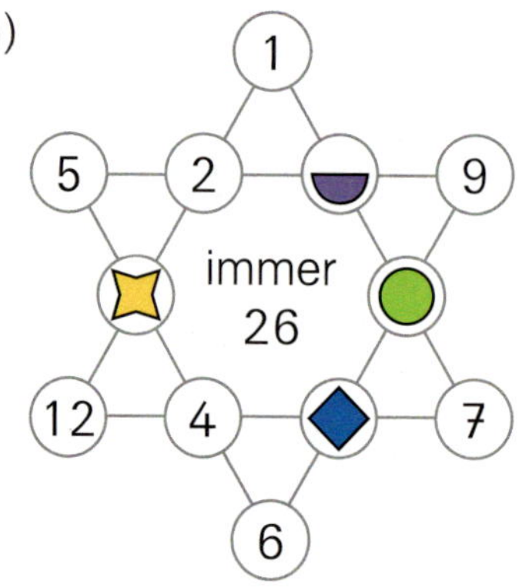

c)

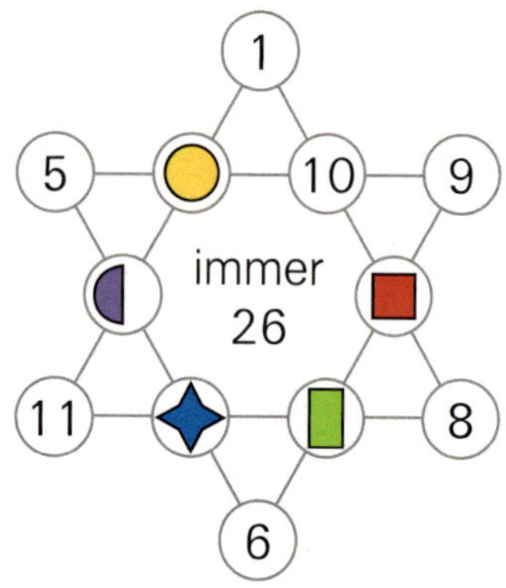

4 Welche Zahl stimmt nicht? Korrigiere sie.

a)

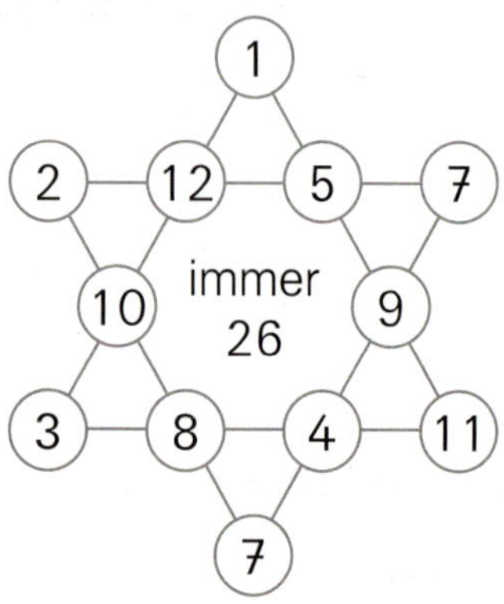

b)

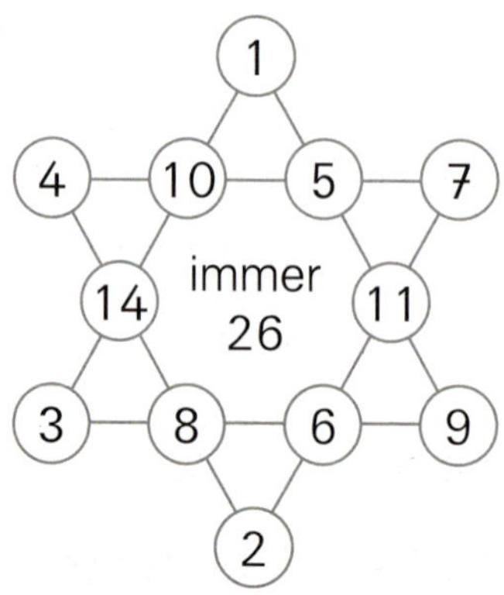

c)

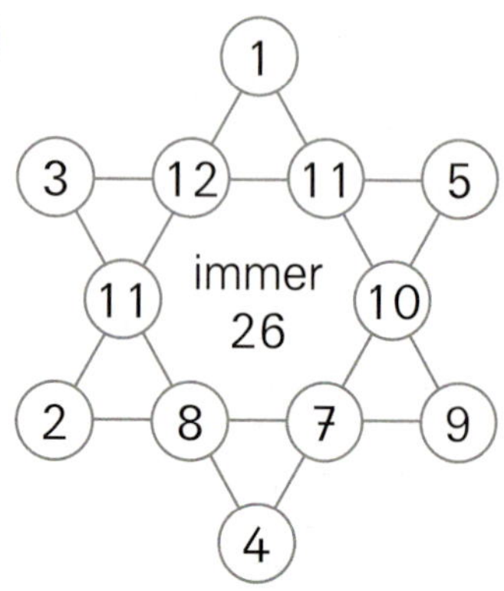

1, 2 Zauberquadrat: Die Summe der Zahlen in jeder Zeile, Spalte und Diagonalen ist in einem Zauberquadrat immer gleich.
3, 4 Zauberstern: Die Summe der Zahlen entlang jeder Linie ist bei den Zaubersternen immer gleich.

Lösungsschritte bei Rechengeschichten

Erfasse, worum es geht.

Überlege, was **gefragt** ist.
F

Suche einen **Lösungsweg**.
L

Löse die Aufgabe.

Überprüfe, ob dein Ergebnis stimmen kann.

Antworte in einem ganzen Satz.
A

Klasse 3a der Grundschule am See

In die 3a gehen 9 Jungen und 15 Mädchen. Jedes vierte Kind kommt mit dem Bus zur Schule.

3 Jungen mehr als Mädchen kommen zu Fuß zur Schule. Insgesamt sind es 11 Kinder.

Silvia, Timo, Julian und ich sitzen in einer Viererreihe. Silvia sitzt zwischen mir und Julian. Timo sitzt rechts außen. Julian hat nur einen Tischnachbarn, weil er so gerne redet.

Luisa

1 Kinder der Klasse 3a haben Rechengeschichten geschrieben.
a) Bis zu welchem Lösungsschritt sind die Kinder gekommen?

Janosch

F: Wie viele Kinder sind in der Klasse 3a?

L: 9 + 15 = 24

Silvia

F: Wie viele Jungen und wie viele Mädchen kommen zu Fuß zur Schule?

L:

Mädchen	Jungen	gesamt
1	4	5
2	5	7

Janine

F: Wie heißt der Tischnachbar von Julian?

L:

			T

A: Der Tischnachbar ...

Lars

F: Wie viele Kinder kommen mit dem Bus?

b) Übertrage die Aufgaben in dein Heft und vervollständige.

c) Überlege dir Aufgaben für deinen Partner.

1

2

Suche eine passende Additions- und Multiplikationsaufgabe.

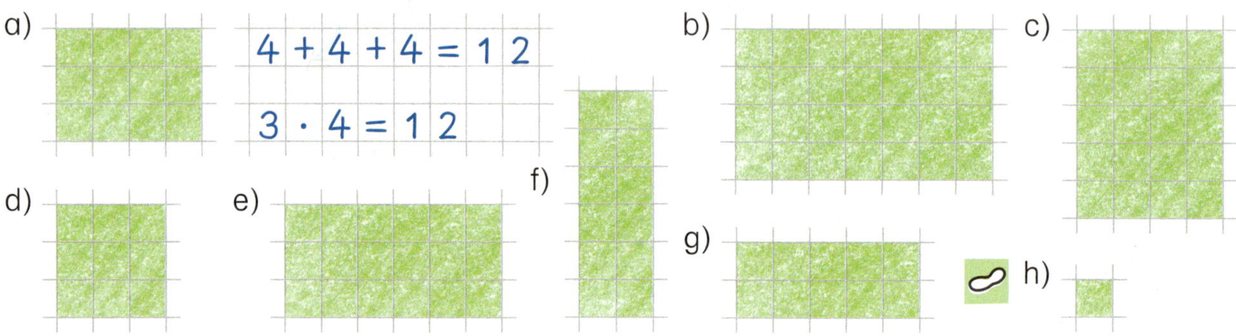

3

Kernaufgaben

a)	b)	c)
1 · 3	1 · 4	__ · 6
2 · 3	2 · 4	__ · 6
3 · 3	4 · 4	__ · 6
5 · 3	5 · 4	__ · 6
10 · 3	10 · 4	__ · 6

d) Schreibe die Kernaufgabe der Reihen mit 7, 8 und 9 genauso.

4

Kernaufgaben zuerst

a)	b)	c)
2 · 4	5 · 2	10 · 4
3 · 4	6 · 2	9 · 4
2 · 7	7 · 7	10 · 5
3 · 7	8 · 7	9 · 5
2 · 9	5 · 10	10 · 6
3 · 9	6 · 10	9 · 6

5

Kernaufgaben zusammensetzen

a)	b)	c)
5 · 4	5 · 10	5 · 8
2 · 4	2 · 10	2 · 8
7 · 4	7 · 10	7 · 8

d)	e)	f)
10 · 4	10 · 10	10 · 8
1 · 4	1 · 10	1 · 8
9 · 4	9 · 10	9 · 8

6

Tauschaufgaben

a)	b)	c)
7 · 2	4 · 5	10 · 6
2 · 7	__ · __	__ · __
3 · 0	4 · 7	7 · 1
0 · 3	__ · __	__ · __
3 · 8	6 · 5	6 · 8
8 · 3	__ · __	__ · __

1

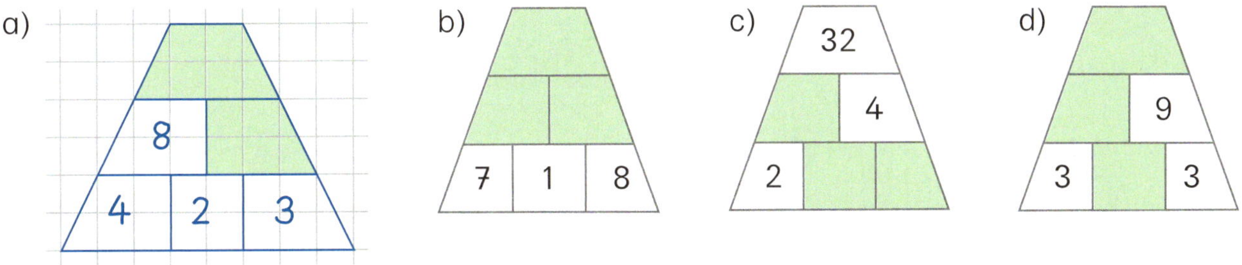

2

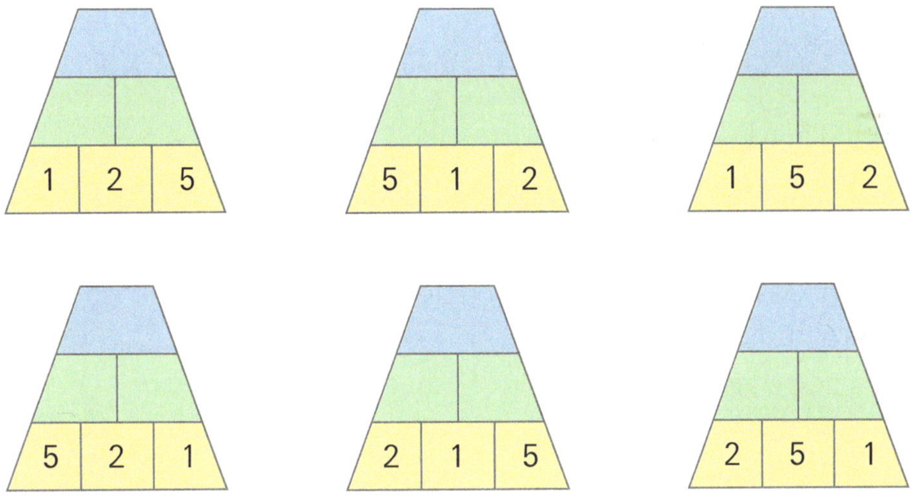

3 ❀

Löse durch Probieren. Setze dabei Zahlen von 0 bis 10 ein.

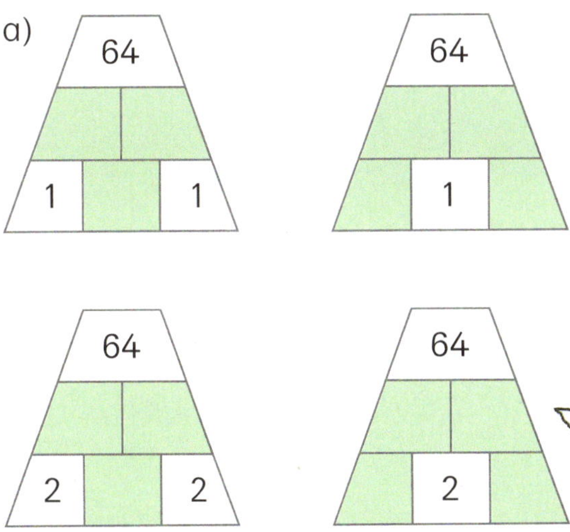

b)

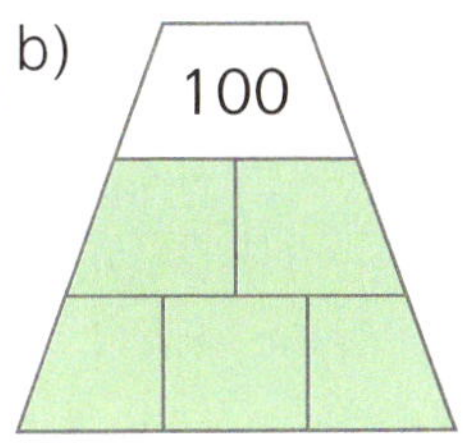

c)

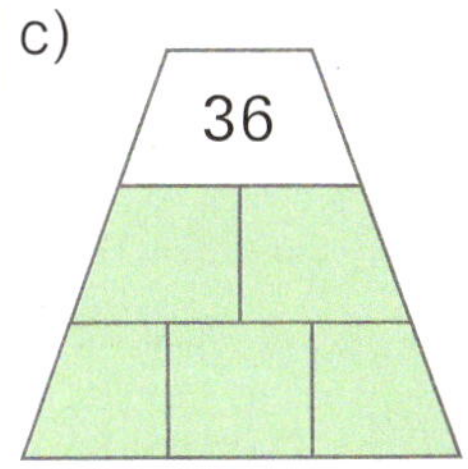

4 ❀

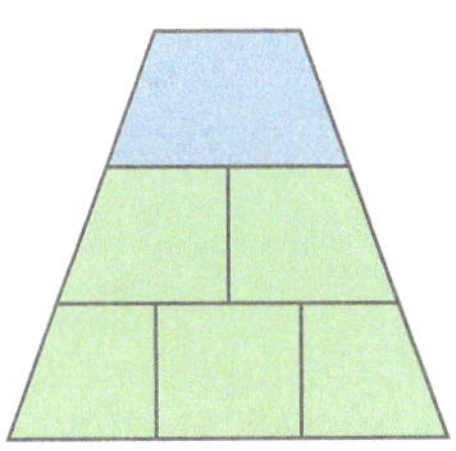

Oben stehen die Zahlen 16, 20, 24, 32 oder 40.

a) Bei 4 der Zahlen gibt es 6 verschiedene Lösungen mit 1 · 1-Aufgaben. Welche Zahlen sind es?

b) Bei einer Zahl gibt es sogar 7 verschiedene Lösungen. Wie heißt die Zahl?

Malpyramide: Die Multiplikation von benachbarten Zahlen ergibt das Ergebnis des darüberliegenden Feldes.

1

Wie oft fährt der Aufzug bei 16 (24, 36) Personen? Finde passende Divisionsaufgaben.

2

Eine Firma verteilt Futter-Proben. Eine Kiste soll für 10 (20, 5, 4, 2, 1) Hunde reichen.

3

Die Welpen bekommen bunte Bälle. Verteile sie gerecht an 2 (10, 5, 1) Hunde.

4

Dividiere.

a)	b)	c)
30 : 5	7 : 1	6 : 2
64 : 8	15 : 5	90 : 10
56 : 8	14 : 2	12 : 4
36 : 6	28 : 4	9 : 3
20 : 5	16 : 4	81 : 9
60 : 10	35 : 5	72 : 8

5

Kontrolliere mit der Umkehraufgabe.

a)	b)	c)
16 : 8	32 : 4	56 : 7
2 · 8	□ · 4	□ · □
40 : 5	35 : 7	0 : 6
□ · 5	□ · 7	□ · □
45 : 9	36 : 9	9 : 9
□ · 9	□ · 9	□ · □

6

Schreibe Aufgabenfamilien.

3 · 5 = □
5 · 3 = □
15 : □ = □
15 : □ = □

a) 15; 3, 5
b) 48; 6, 8
c) 27; □, 3
d) □; 7, 8
e) 16; 4, □
f) □; □, □

1

2

a)	27 : 3	15 : 4	46 : 6
	28 : 3	16 : 4	47 : 6
	29 : 3	17 : 4	48 : 6
b)	21 : 7	58 : 10	12 : 2
	22 : 7	59 : 10	13 : 2
	23 : 7	60 : 10	14 : 2
c)	40 : 8	19 : 5	62 : 9
	41 : 8	20 : 5	63 : 9
	42 : 8	21 : 5	64 : 9

3

a)	__ : 10 = 5R1	__ : 5 = 6R2
	__ : 10 = 5R2	__ : 5 = 6R3
	__ : 10 = 5R3	__ : 5 = 6R4
b)	__ : 2 = 7R1	__ : 5 = 5R1
	__ : 4 = 3R3	__ : 7 = 3R5
	__ : 6 = 2R3	__ : 9 = 2R8
c)	__ : 3 = 9R2	__ : 8 = 5R4
	__ : 4 = 7R1	__ : 7 = 6R2
	__ : 5 = 5R4	__ : 6 = 7R2

4

Rechne weiter, bis wieder kein Rest bleibt.

64 : 8 = 8
65 : 8 = 8R1
66 : 8 = 8R__
67 : 8 = __R__
68 : 8 = __R__

54 : 9 = __
55 : 9 = __R__
56 : __ = __R__
57 : __ = __R__
__ : __ = __R__

Vergleiche immer den größten Rest mit der Zahl, durch die du teilst. Was fällt dir auf?

24 : 6 = __
__ : __ = __R__
__ : __ = __R__
__ : __ = __R__

12 : 4 = __
__ : __ = __R__
__ : __ = __R__
__ : __ = __R__

35 : 5 = __
__ : __ = __R__
__ : __ = __R__
__ : __ = __R__

100 : 10 = __
__ : __ = __R__
__ : __ = __R__
__ : __ = __R__

Große Zahlen

1

Wie viele Schokolinsen könnten es sein? Schätze.
Erkläre, wie du beim Schätzen vorgegangen bist.

2

David hat Rekorde mit großen Zahlen entdeckt.

Das Ulmer Münster hat den höchsten Kirchturm der Welt. Er ist 161,53 m hoch. Auf 768 Stufen kannst du bis zu einer Höhe von 143 m steigen. Die Bauzeit war von 1377 bis 1890.

Der Afrikanische Strauß ist der größte Vogel der Erde. Die Straußenhähne werden bis zu 280 cm hoch und können in einer Minute bis zu 1200 m rennen.

Seit 2005 ist der Airbus A380–800 das größte Passagierflugzeug der Welt. Es kann bis zu 853 Fluggäste befördern.

a) Sprecht über die großen Zahlen, die ihr in den Texten findet.

b) Sammelt Ausschnitte aus Zeitungen und Katalogen mit großen Zahlen.

c) Gestaltet selbst eine Ausstellung mit Plakaten in eurer Klasse.

1 Beim handlungsorientierten Einstieg können alternativ auch Muggelsteine verwendet werden.

1 Ben und Ria legen Schokolinsen und zählen sie.

Ben:

Ria:

a) Wie viele Schokolinsen hat jeder? Bei wem konntest du leichter zählen?

b) Nehmt selbst Schokolinsen oder andere Gegenstände.
Füllt sie in Behälter und schätzt, wie viele in jedem Behälter sind.

c) Legt und zählt geschickt. Vergleicht mit eurer geschätzten Zahl.

Einer-Würfel

Zehner-Stange

Hunderter-Platte

Tausender-Block

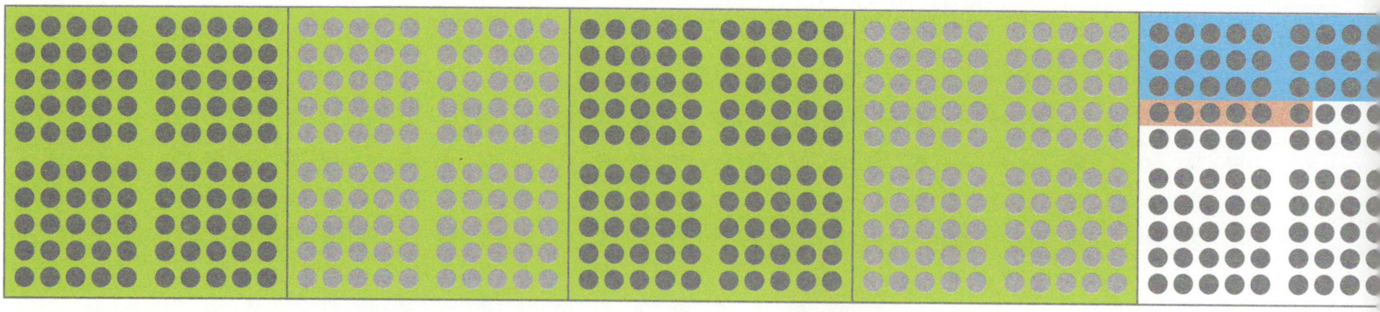

1

vierhundertsechsunddreißig

four hundred and thirty-six

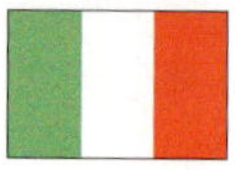
quattrocentotrentasei

dört yüz otuz altı

Zeige deinem Partner am Tausenderfeld.

a) 200, 300, 500, 900
b) 50, 150, 350, 850
c) 160, 540, 810, 990
d) 269, 569, 769, 469
e) 370, 377, 737, 773
f) Zeige noch andere Zahlen.

2

Entschlüssele die Geheimschrift. Schreibe sie in eine Stellenwerttafel.

a) 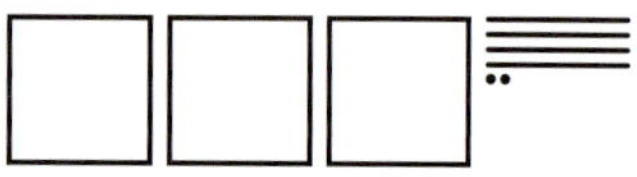

a)

H	Z	E
3	4	2

b) 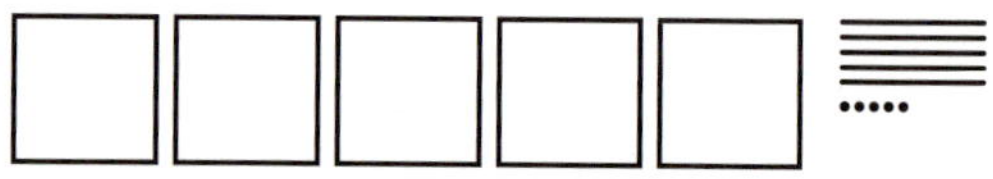

c) 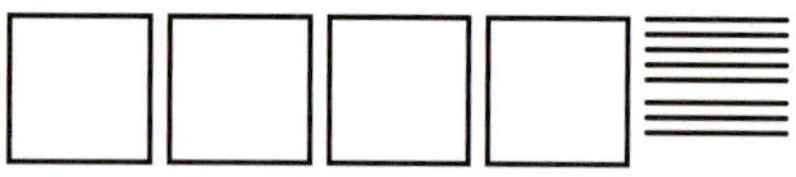

d) 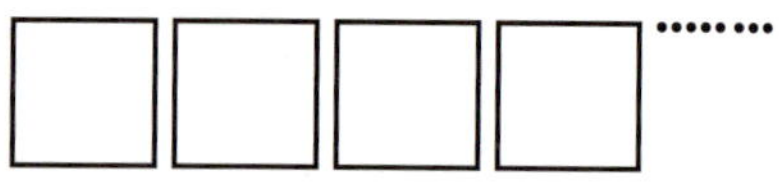

e) 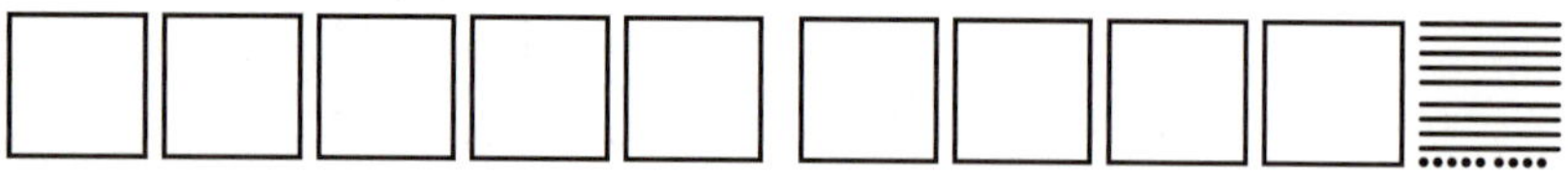

3

Schreibe in Geheimschrift.

a)

H	Z	E
3	1	5

H	Z	E
4	2	6

H	Z	E
7	0	4

H	Z	E
5	2	3

H	Z	E
3	5	1

H	Z	E
8	2	1

b) 642, 261, 936, 850, 231, 199, 304, 620

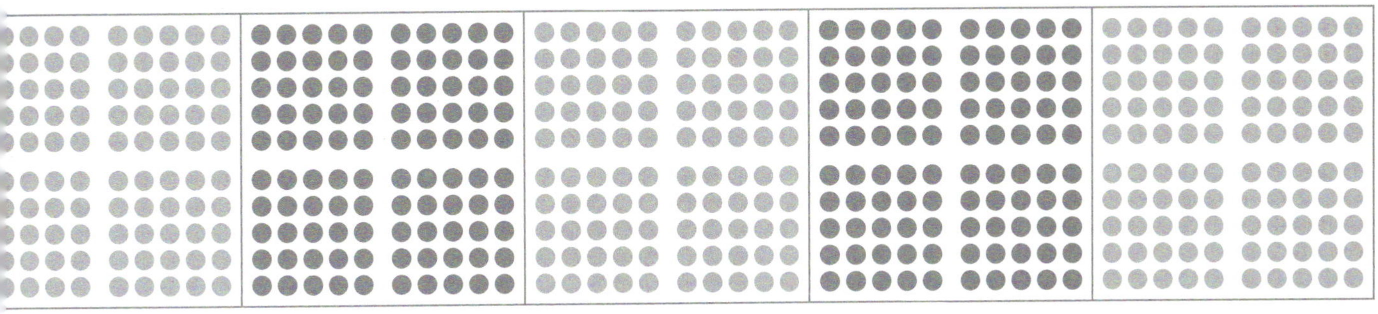

4

Schreibe die Zahlen.

a) 7 0 0 + 2 0 + 4 = 7 2 4

a)

H	Z	E
7	2	4

b)

H	Z	E
6	1	5

c)

H	Z	E
2	8	9

d)

H	Z	E
6	0	3

e)

H	Z
4	8

f)

E	H
9	1

g)

H	Z	E
7	4	10

h)

Z	E	H
50	6	2

5

Zerlege in Hunderter, Zehner und Einer.

a) 2 7 3 = 2 0 0 + 7 0 + 3

a) 273 516 754 602
428 879 925 390

b) 484 881 530 604
309 755 999 262

6

Immer drei Karten gehören zusammen.

H	Z	E
2	3	7

370

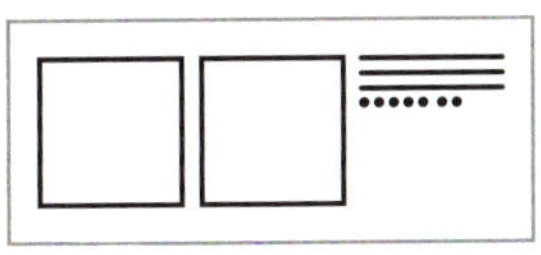

703

200 + 70 + 3

300 + 70

H	Z	E
4	6	7

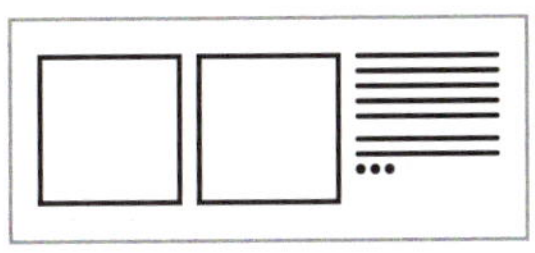

H	Z	E
3	7	2

siebenhundertdrei

H	Z	E
2	7	3

372

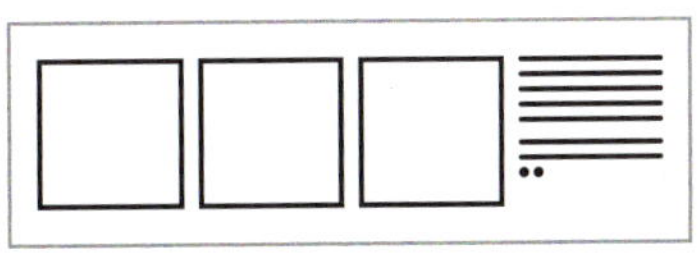

dreihundertsiebzig

zweihundertsiebenundreißig

700 + 3

vierhundertsiebenundsechzig

Hundertertafeln

1 Zeige deinem Partner an den Hundertertafeln:
a) alle Hunderterzahlen,
b) alle Zehnerzahlen von 100 bis 200,
c) alle Zahlen von 690 bis 700,
d) 348, 427, 505, 692, 751, 874,
e) 123, 234, 345, 456, 567, 678,
f) von dir selbst ausgewählte Zahlen.

2 Wie heißen die Zahlen …
a) in den grünen Feldern?
b) in den blauen Feldern?
c) in den gelben Feldern?
d) in den Kreisen?
Was fällt dir auf?

3 Schreibe Vorgänger, Nachfolger und die Zahlen auf, die in den Feldern darüber und darunter stehen.

	254	
263	264	265
	274	

a) 264 217 243
b) 583 358 835
c) 729 462 915

4 Wie geht es weiter? Beschreibe. Setze die Zahlenfolgen fort.

+2
a) 186, 188, 190, …, 204
b) 209, 207, 205, …, 191
c) 376, 381, 386, …, 421
d) 415, 435, 455, …, 595
e) 665, 645, 625, …, 485
f) 790, 740, 690, …, 340

Erfinde auch eigene Zahlenfolgen.

5

Jasmin
Meine Zahl liegt ger… in der Mitte … 500 und …

Susi
Meine Zahl liegt zwischen 510 und 528. Der Einer ist 9.

Achmed
Bei meiner Zahl zwischen 400 und 500 sind Hunderter, Zehner und Einer gleich groß.

Johannes
Meine Zahlen liegen zwischen 520 und 550. Die Einerzahl …t das Doppelte … Zehnerzahl.

Erfinde auch eigene Zahlenrätsel.

…73 519 524 536 548

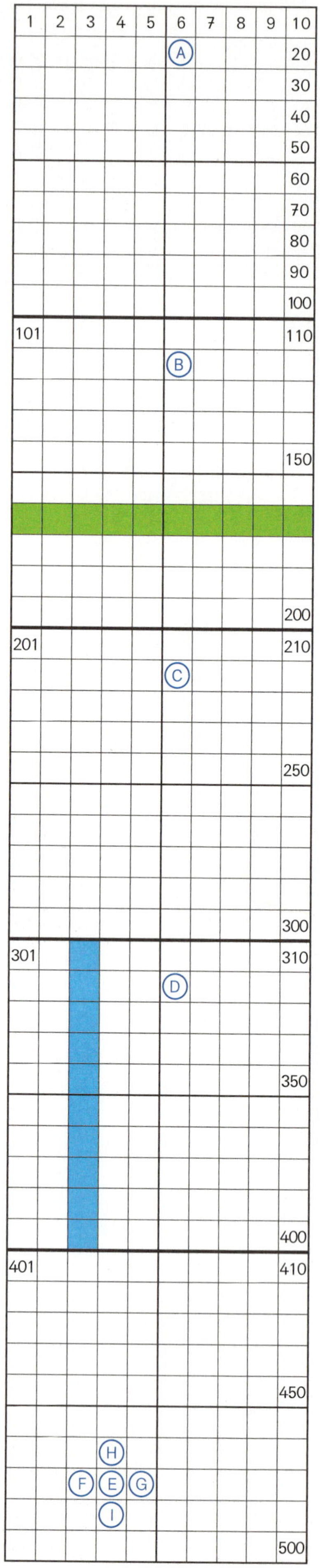

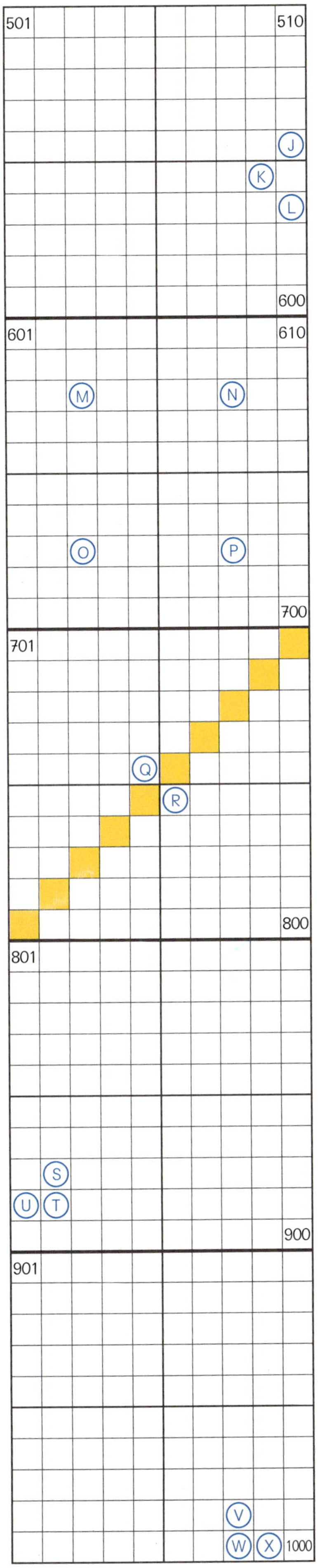

6 a) Springe. Auf welchen Feldern landest du?

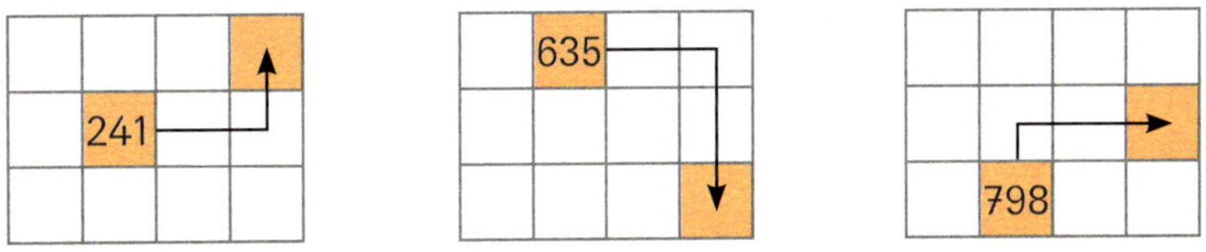

b) Wo bist du losgesprungen?

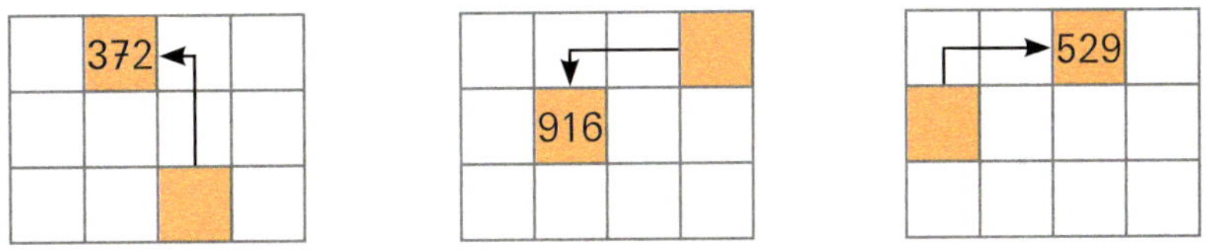

7 Zeige die Zahlen und springe. Wo landest du?

235 527 873 644 956

a) 2 Felder nach rechts und 1 Feld nach oben
b) 1 Feld nach oben und 3 Felder nach rechts
c) 3 Felder nach oben, 5 Felder nach unten und 1 Feld nach links
d) 3 Felder nach links, 2 Felder nach unten, 3 Felder nach rechts und 2 Felder nach oben.
e) Wie kannst du springen, wenn du jeweils auf einer Hunderterzahl landen willst?

8 a) Zeichne die Buchstaben größer in dein Heft.
Trage die fehlenden Zahlen ein.

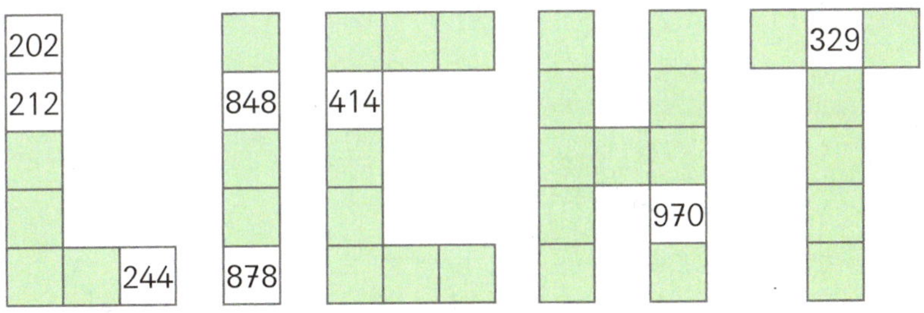

b) Welcher Buchstabe entsteht, wenn du folgende Zahlen auf der Hundertertafel anmalst?
675, 656, 637, 645, 665, 636, 655, 635
934, 935, 936, 974, 964, 956, 955, 954, 944, 946
823, 865, 824, 864, 825, 863, 833, 853, 843, 845, 844

c) Finde noch andere Buchstaben und trage die Zahlen ein. Nenne deinem Partner die Zahlen. Er färbt und errät, welcher Buchstabe es ist.

Zahlenstrahl

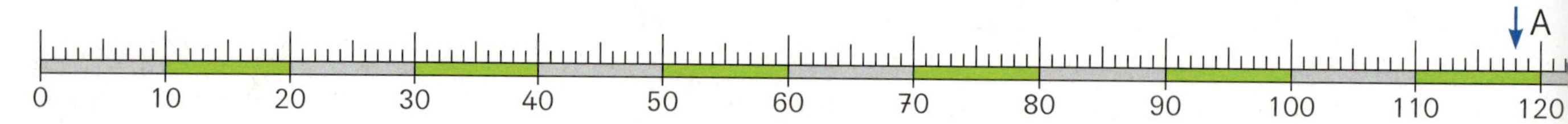

1 Zeige am Zahlenstrahl:
a) alle Hunderterzahlen,
b) alle Zehnerzahlen von 100 bis 200,
c) 201, 219, 247, 254, 268, 282,
d) 333, 666, 999, 444, 888, 555,
e) noch andere Zahlen.

2 Zähle vorwärts und rückwärts:
a) in Einerschritten
von 162 bis 171, von 736 bis 725.
b) in Zehnerschritten
von 415 bis 505, von 956 bis 866.
c) in Hunderterschritten
von 16 bis 916, von 909 bis 9.
d) in anderen Schritten.
Wähle selbst Startzahlen.

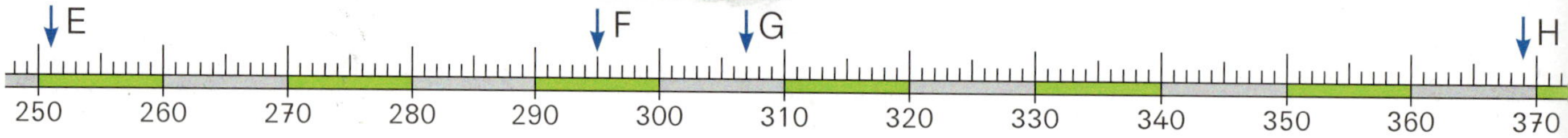

3 Vergleiche. Setze <, > oder = ein.

a) 312 ● 308
492 ● 496

888 ● 889
862 ● 860

704 ● 704
725 ● 737

b) 330 ● 303
397 ● 379

487 ● 487
213 ● 231

159 ● 195
620 ● 616

4 Ordne die Zahlen nach der Größe.
Beginne mit der
a) kleinsten Zahl.

312	381
302	407
418	481

b) größten Zahl.

443	434
487	478
444	490

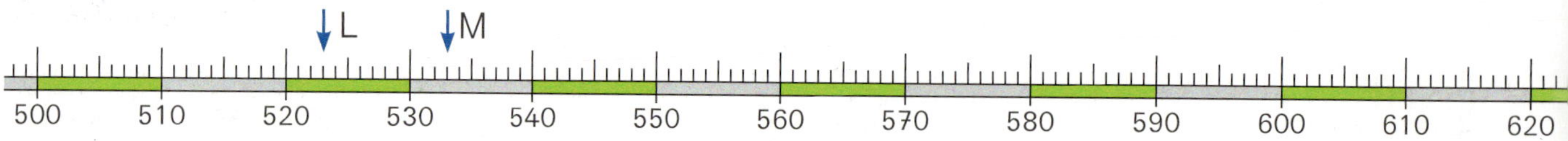

5
a) Daniel würfelt 2, 4 und 6.
Er setzt daraus die Zahlen 246 und 642 zusammen.
Welche anderen dreistelligen Zahlen kann er daraus noch zusammensetzen? Ordne die Zahlen nach der Größe.
b) Würfle und setze selbst Zahlen zusammen.
c) Was musst du würfeln, damit du nur eine einzige dreistellige Zahl bauen kannst? Wie viele solcher Zahlen gibt es?
d) Was musst du würfeln, damit genau 3 dreistellige Zahlen gebaut werden können?

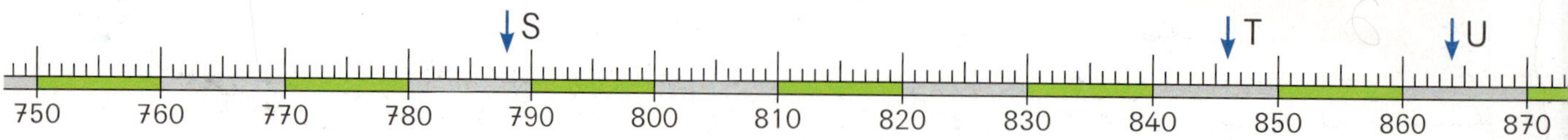

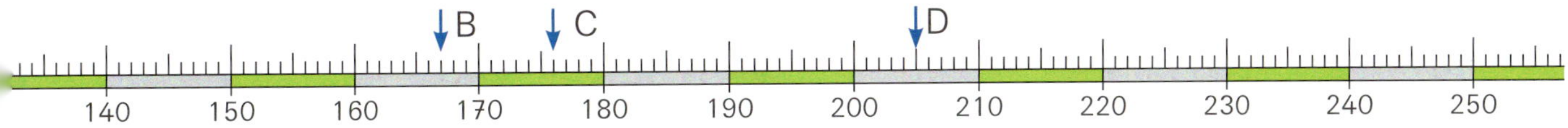

6 Wie heißen die Nachbarzehner?

150 , 153 , 160

Welcher Zehner ist am nächsten?

150 , 153 , 160

a)	b)	c)
153	711	202
342	974	499
617	350	800

d) Wähle noch andere Zahlen.

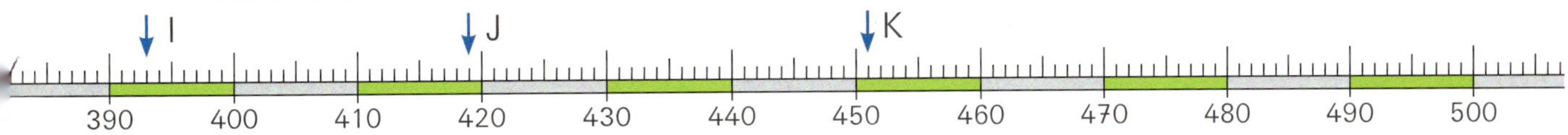

7 Wie heißen die Nachbarhunderter?

600 , 653 , 700

Welcher Hunderter ist am nächsten?

600 , 653 , 700

a)	b)	c)
653	562	250
689	175	850
224	919	900

d) Wähle noch andere Zahlen.

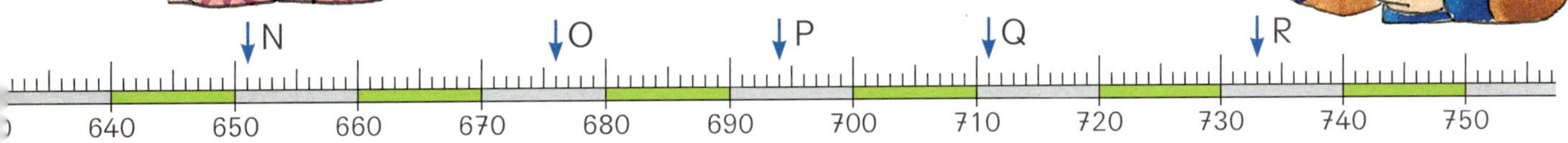

8

a) Schreibe weitere EDE-Zahlen auf. Ordne sie nach der Größe.

b) Wie viele EDE-Zahlen gibt es mit 1, 9 oder 0 …
… als mittlere Ziffer?
… als Anfangsziffer?

c) Wie viele EDE-Zahlen gibt es überhaupt?

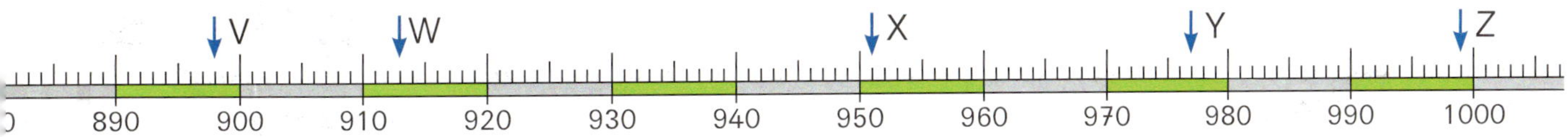

8 Bei EDE-Zahlen steht an der Hunderter- und der Einerstelle die gleiche Ziffer.

1

Runden auf Zehner:

273 ≈ 270
361 ≈
490 ≈

278 ≈ 280
525 ≈
857 ≈

Runden auf Hunderter:

248 ≈ 200
609 ≈
930 ≈

273 ≈ 300
453 ≈
192 ≈

2

Runde auf Zehner. 254 ≈ 250

a)

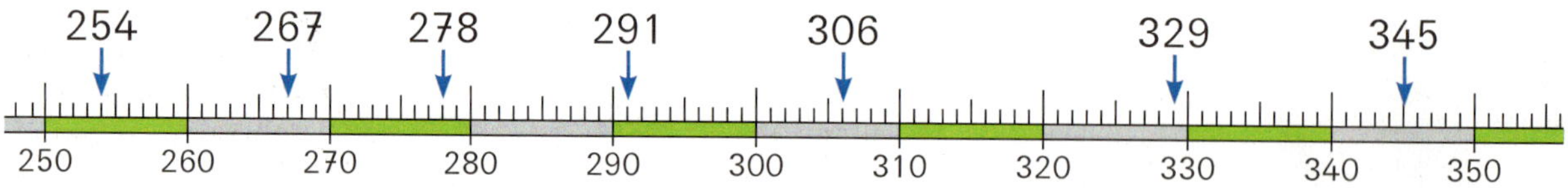

b) 352, 284, 905, 216, 344, 502

c) 666, 204, 205, 576, 574, 434

3

Runde auf Hunderter. 530 ≈ 500

a)

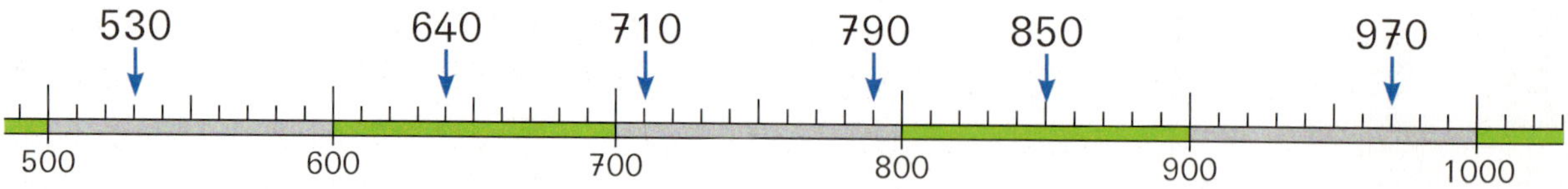

b) 542, 675, 781, 652, 849, 982

c) 747, 750, 295, 305, 849, 309

4

Hunde können circa 15 Jahre alt werden.

Das Herz des Kolibris schlägt über 1000-mal in einer Minute.

Ein Floh springt ungefähr 20 cm hoch.

Eine Zwergspitzmaus ist am Tag etwa 22 Stunden auf Futtersuche.

Ein Kaiserpinguin kann bis zu 20 Minuten unter Wasser bleiben.

Ein Blauwal wird bis zu 30 Meter lang.

a) Warum werden manchmal keine genauen Zahlenangaben verwendet?
b) Suche Zeitungsausschnitte mit solchen Angaben.

1

2

a) Errechne die Quersumme der Zahlen.

197	523	500	666
101	78	380	9

b) Schreibe zu jeder Quersumme noch 5 andere Zahlen auf.

Q 17 : 188, ...

3

Subtrahiere von jeder Zahl ihre Quersumme. Was fällt dir auf?

93 – Q   77 – Q   64 – Q

29 – Q   58 – Q

16 – Q   45 – Q   ▢ – Q

4 Q

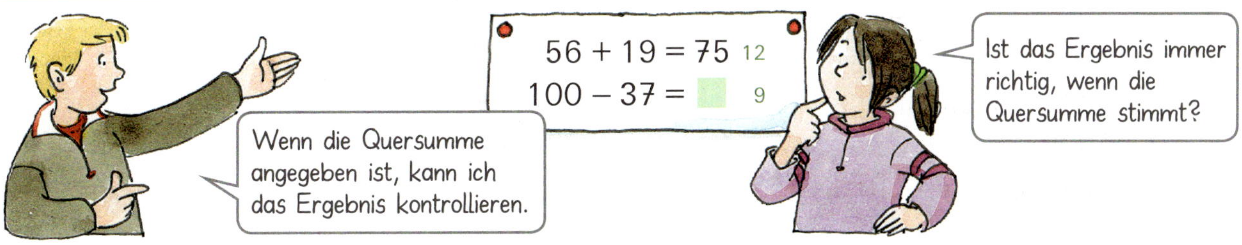

a) 300 + 50 – 7 10
600 – 20 + 1 14
800 + 0 – 3 23
200 – 90 + 8 10

b) 49 + 22 8
9 · 10 9
54 – 19 8
36 : 4 9

c) Welche Zahl ist um 100 größer als das Ergebnis der Aufgabe 88–87? 2

d) Welche Zahl ist um 1 kleiner als das Doppelte von 300? 23

5

Manche Ergebnisse haben die Quersumme 6. Finde sie.

5 · 3   6 · 10   100 – 48

80 – 36   200 + 40

900 – 400   24 + 27   8 · 4

100 + 23   93 – 27

6 ❀

Tim will alle Zahlen bis 1000 mit der Quersumme 1, 2, 3 oder 4 finden. Welche Zahlen fehlen noch?

a) Q 1 : 1, 10, ...

b) Q 2 : 2, 11, 20, ...

c) Q 3 : 3, 12, 21, ...

d) Q 4 : 4, 13, 22, ...

Q steht als Abkürzung für Quersumme.

1 ❀

2 Q

Wie rechnest du?

a) 348 + 6 12
348 + 16 13
648 + 6 15
648 + 26 17

b) 154 + 30 13
154 + 33 16
409 + 80 21
409 + 88 20

c) 132 + 49 10
636 + 60 21
314 + 7 6
806 + 75 17

d) 230 + 24 11
252 + 43 16
626 + 6 11
719 + 54 17

e) 180 + 15 15
327 + 8 11
971 + 10 18
549 + 32 14

3

a)

124 + 9	+
+ +	
40 + 5	
+	

508 + 42	+
+ +	
25 + 19	
+	

917 + 34	+
+ +	
26 + 22	
+	

b) Fehlersuche: Finde die falsche Zahl. Korrigiere sie.

316 + 19	335
+ +	+
33 + 28	61
48 + 47	396

623 + 28	651
+ +	+
29 + 7	36
652 + 35	688

439 + 6	446
+ +	+
8 + 39	47
447 + 45	492

4

a)

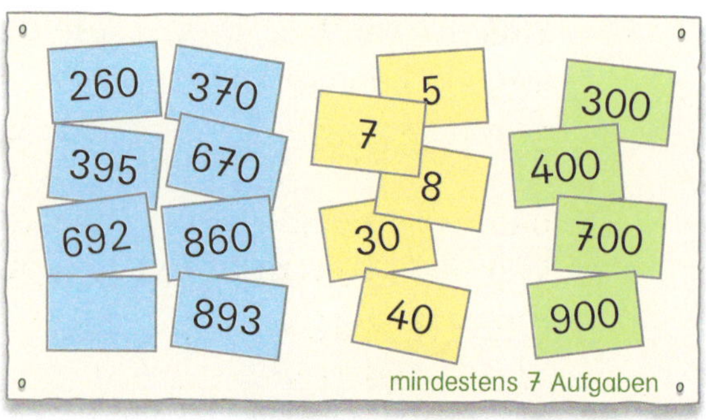

▭ + ▭ = ▭

b)

▭ + ▭ = ▭

1 Selbstgesteuertes Lernen: eigene Strategien entwickeln und im Rahmen einer Rechenkonferenz besprechen. Die Strategien im Buch dienen als Anregung.

1 ❀

2 Q

Wie rechnest du?

a)	b)	c)	d)	e)
232 – 5 (11)	671 – 20 (12)	435 – 33 (6)	534 – 21 (9)	180 – 15 (12)
232 – 15 (10)	671 – 22 (19)	864 – 12 (15)	178 – 19 (15)	370 – 4 (15)
432 – 5 (13)	592 – 60 (10)	317 – 8 (12)	960 – 60 (9)	961 – 10 (15)
432 – 25 (11)	592 – 66 (13)	990 – 55 (17)	781 – 57 (13)	549 – 3 (15)

3

a)

4		9
	18	387

	12	30
	40	495

	7	
		17
	21	890

b)

	24	36
220		293

	20	
		68
	59	589

29	16	
	25	991

4

a)	b)	c)	d)
400 – 2 = ▢	800 – 50 = ▢	299 – ▢ = 294	▢ – 5 = 581
400 – 8 = ▢	500 – 80 = ▢	383 – ▢ = 362	▢ – 8 = 792
400 – 5 = ▢	300 – 40 = ▢	476 – ▢ = 468	▢ – 30 = 310
400 – 6 = ▢	600 – 70 = ▢	500 – ▢ = 450	▢ – 50 = 420
200 – 7 = ▢	600 – 63 = ▢	647 – ▢ = 608	▢ – 21 = 143
900 – 3 = ▢	200 – 28 = ▢	771 – ▢ = 716	▢ – 60 = 424
700 – 9 = ▢	900 – 75 = ▢	489 – ▢ = 405	▢ – 42 = 858
800 – 4 = ▢	400 – 38 = ▢	200 – ▢ = 163	▢ – 31 = 525

1 Selbstgesteuertes Lernen: eigene Strategien entwickeln und im Rahmen einer Rechenkonferenz besprechen. Die Strategien im Buch dienen als Anregung. **3** Lösen durch Subtrahieren möglich.

1

2

Wie rechnest du?

a) 297 + 18 9
297 + 28 10
597 + 18 12
597 + 38 14

b) 234 + 70 7
234 + 77 5
681 + 50 11
681 + 55 16

c) 285 + 51 12
493 + 60 13
862 + 54 16
673 + 42 13

d) 397 + 38 12
787 + 18 13
477 + 58 13
566 + 49 12

e) 651 + 74 14
894 + 9 12
266 + 92 16
372 + 69 9

3

Ergänze bis zu …

6 9 8 + ▢ = 7 0 3

a) … **703**
698, 643
610, 692

b) … **520**
480, 499
430, 478

c) … **318**
290, 284
276, 293

d) … **906**
888, 824
831, 857

4

184 + 49

a) 184 + 49
376 + 59
634 + 89
457 + 79

b) 478 + 39
766 + 69
831 + 89
594 + 19

c) 853 + 69
275 + 49
762 + 99
384 + 29

d) 563 + 48
857 + 68
644 + 78
179 + 58

5

a) 190 + 20
280 + 30
370 + 40
460 + 50

b) 195 + 16
295 + 26
395 + 36
495 + 46

c) 123 + 89
234 + 88
345 + 79
456 + 78

d) 334 + 78
338 + 87
342 + 68
346 + 86

e) 111 + 99

f) ▢ + ▢

1, 4 Selbstgesteuertes Lernen: eigene Strategien entwickeln und im Rahmen einer Rechenkonferenz besprechen. Die Strategien im Buch dienen als Anregung.

1

2

Wie rechnest du?

a)	b)	c)	d)	e)
304 – 17 (17)	612 – 40 (14)	902 – 9 (20)	504 – 37 (17)	144 – 48 (15)
304 – 27 (16)	612 – 44 (19)	763 – 81 (16)	924 – 57 (21)	606 – 92 (10)
504 – 17 (19)	875 – 90 (20)	225 – 66 (15)	817 – 34 (18)	905 – 86 (18)
504 – 37 (17)	875 – 99 (20)	433 – 72 (10)	751 – 63 (22)	518 – 36 (14)

3

a)	b)	c)	d)
502 – __ = 496	911 – __ = 870	713 – __ = 681	422 – __ = 372
505 – __ = 496	953 – __ = 870	742 – __ = 685	341 – __ = 292
531 – __ = 496	917 – __ = 870	731 – __ = 687	837 – __ = 759
516 – __ = 496	969 – __ = 870	728 – __ = 689	981 – __ = 847

4

a)	b)
324 – 59	746 – 79
532 – 69	564 – 99
413 – 39	335 – 49
742 – 89	826 – 39

c)	d)
157 – 79	931 – 58
603 – 19	626 – 38
226 – 29	845 – 88
948 – 89	407 – 28

5

a)	b)	c)	d)	e)
910 – 80	912 – 24	987 – 89	941 – 78	222 – 99
820 – 90	812 – 34	978 – 89	937 – 87	
730 – 80	712 – 44	876 – 79	933 – 68	f) __ – __
640 – 90	612 – 54	867 – 79	929 – 86	

1, 4 Selbstgesteuertes Lernen: eigene Strategien entwickeln und im Rahmen einer Rechenkonferenz besprechen. Die Strategien im Buch dienen als Anregung.

1 ❀

2 Q

Wie rechnest du?

a)	b)	c)	d)
350 + 140 13	260 + 160 6	380 + 140 7	542 + 360 11
350 + 240 14	260 + 260 7	640 + 230 15	125 + 690 14
530 + 360 17	480 + 370 13	440 + 280 9	483 + 440 14
530 + 460 18	480 + 470 14	730 + 150 16	678 + 250 19

3

Immer 3 Aufgaben haben das gleiche Ergebnis.

450 + 180	460 + 190	430 + 290	350 + 350	310 + 320
450 + 310	420 + 280	320 + 440	350 + 410	480 + 220
360 + 360	490 + 160	480 + 150	320 + 330	490 + 230

4

a)

190	60	150
270	50	80
40	190	230
170	170	140

b) Triff die 600.

Spitze	links	Mitte	rechts
600		300	
600		200	
600		100	
600		0	
600	0		100
600	50		150
600	100		200
600	150		250

1 Selbstgesteuertes Lernen: eigene Strategien entwickeln und im Rahmen einer Rechenkonferenz besprechen. Die Strategien im Buch dienen als Anregung. **3** Zur Selbstkontrolle: gleiche Ergebnisse nach dem Rechnen mit der gleichen Farbe markieren.

1

2

Wie rechnest du?

a) 470 – 120 8
470 – 220 7
880 – 310 12
880 – 410 11

b) 630 – 170 10
630 – 270 9
720 – 330 12
720 – 430 11

c) 570 – 190 11
610 – 360 7
420 – 280 5
740 – 550 10

d) 543 – 460 11
856 – 270 19
327 – 140 16
969 – 690 18

3

Immer 3 Aufgaben haben das gleiche Ergebnis.

540 – 180	580 – 190	560 – 210	990 – 660	640 – 280
520 – 150	780 – 390	570 – 180	420 – 50	530 – 160
660 – 330	890 – 540	550 – 190	780 – 430	570 – 240

4

a) immer 330

100		80
	110	

120	70	
130		

b) immer 660

190		
290		
		250

	230	
	220	
260		

c) immer 990

		380
390		
		340

340		
	330	
	290	

d) immer 450

140		
		160

130 170 150 110 190 120 180

1 Selbstgesteuertes Lernen: eigene Strategien entwickeln und im Rahmen einer Rechenkonferenz besprechen. Die Strategien im Buch dienen als Anregung. 4 Die Summe der Zahlen in jeder Zeile, Spalte und Diagonalen ist in einem Zauberquadrat immer gleich.

1

a) Beschreibe die Geldscheine und ihre Unterschiede.
Finde heraus, was auf der Rückseite der Scheine dargestellt ist.

b) Tausche einen 200-Euro-Schein in kleinere Scheine um.
Finde verschiedene Möglichkeiten. Trage sie in eine Tabelle ein.

b) Betrag	100	50	20	10	5
200 €	2	–	–	–	–
200 €	1				

2

a) Wie viel Geld ist es jeweils? Schreibe die Beträge auf.

b) Ordne die Beträge nach ihrem Wert.

c) Lege jeden Betrag mit Rechengeld.
Wie viel Euro fehlen jeweils bis 1000 €?

c) 220 € + ☐ € = 1000 €

3

Lege mit möglichst wenigen Scheinen und Münzen.

a) 164 € = 100 € + 50 € +

a) 164 €, 283 €, 336 €
b) 457 €, 800 €, 688 €
c) 524 €, 427 €, 217 €
d) 575 €, 675 €, 775 €

4

Herr Reich hat in seiner Brieftasche 3 Geldscheine.
Zusammen sind es mehr als 50 €, aber weniger als 100 €.

a) Welche Beträge und welche Scheine könnten es sein?

b) Finde alle Möglichkeiten.

5

a) Legt den Betrag nach.
Nehmt abwechselnd jeweils einen Schein oder eine Münze weg.
Wie viel Geld bleibt nach jedem Wegnehmen übrig?

b) Legt andere Beträge und nehmt abwechselnd Scheine und Münzen weg.

1

Markus:

2,10 € + 1,60 € = ▢

2 € + 1 € = 3 €
10 ct + 60 ct = ▢

> Das Komma trennt Euro und Cent.
> 2,10 € = 2 € 10 ct

Maria:

1,70 € + 1,20 € = ▢

1,70 € + 1 € = 2,70 €
2,70 € + 0,20 € = ▢

2

Wie viel muss jedes Kind bezahlen?

Carina
1 Bockwurst
1 Saftschorle

Jürgen
1 Portion Pommes
1 Ketchup
1 Limonade

Robert
2 Döner
2 Apfelsaft

Frank
1 Bratwurst
1 Kartoffelsalat
2 Orangensaft

3

Irina kauft für 5,75 € ein. Sie bezahlt mit einem 10-Euro-Schein.
Die Verkäuferin gibt ihr das Rückgeld und rechnet so:

5,75 € → 5,80 € → 6 € → 10 €

a) Gib auf 10 € heraus.

8,40 € —10 ct→ 8,50 € —50 ct→

8,40 €	6,95 €	0,97 €
5,80 €	8,05 €	0,51 €
2,70 €	4,65 €	7,02 €
4,10 €	2,35 €	6,73 €
6,50 €	9,15 €	5,56 €

b) Gib auf 100 € heraus.

67 € —3 €→ 70 € —30 €→

67 €	95,50 €	49,60 €
34 €	79,50 €	19,85 €
17 €	38,50 €	60,37 €
42 €	85,60 €	20,44 €
85 €	63,80 €	70,93 €

1

1 Langenbrunn (151), Stettheim (89), Kohlgrub (70), Mittelstadt (35), Westendorf (30).
Für die Schüler aus Stettheim, Kohlgrub und Westendorf fahren Schulbusse.

2 Die Schüler aus Stettheim und Westendorf fahren mit dem Busunternehmen Kippmann. Die anderen Fahrschüler werden vom Busunternehmen Riestel abgeholt.

3 In der 1. Pause werden Getränke verkauft.
Es waren heute 190 Packungen Milch und 85 Packungen Orangensaft.

Welche Frage passt zu welcher Information? Welche Fragen lassen sich beantworten?
Überlege, löse und antworte.

a) Wie viele Schüler besuchen insgesamt die Erich-Kästner-Schule?
b) Wie viele Getränke werden insgesamt verkauft?
c) Manche Schüler bringen ihr Getränk von zu Hause mit. Wie viele sind es?
d) Wie viele Schüler kommen aus den Ortsteilen Kohlgrub und Stettheim?
e) Wie viele Schüler fahren mit dem Busunternehmen Riestel?
f) Wie viele Schüler fahren mit dem Busunternehmen Kippmann?
g) Gibt es Schüler, die sich kein Getränk in der 1. Pause kaufen? Wie viele sind es?
h) Wann beginnt der Unterricht?

2

Finde an deiner Schule heraus.

a) Wie viele Schüler sind in deiner Klasse? Wie viele Schüler gibt es in deiner Schule?

b) Wie viele Schüler deiner Klasse fahren mit dem Bus zur Schule?

c) Wie viele Kinder werden mit dem Auto gebracht und wie viele gehen zu Fuß?

d) Wie viele Getränke werden an deiner Schule an einem Tag verkauft?

 Lösungsschema F–L–A wiederholen und anwenden.

1

	1a	1b	1c	1d	2a	2b	2c	2d
Jungen	10	11	8	13	14	10	11	8
Mädchen	13	14	14	11	12	15	12	16
gesamt	23	25	22	24	26	25	23	24

	3a	3b	3c	–	4a	4b	4c	4d
Jungen	14	13	10	–	9	11	16	12
Mädchen	14	15	16	–	16	13	11	13
gesamt	28	28	26	–	25	24	27	25

Überlege und löse.
Lassen sich alle Fragen beantworten?

a) Wie viele Schüler sind in den 4. Klassen?

b) In welcher Klassenstufe sind die meisten Kinder?

c) Sind in den 2. Klassen mehr Kinder als in den 3. Klassen?

d) Wie viele Jungen besuchen die Erich-Kästner-Schule?

e) Wie viele Lehrer arbeiten an der Schule?

f) Wie viele Mädchen besuchen die Schule?

2 ❀

Stellt selbst Fragen zur Tabelle.
Stellt auch Fragen zur Tabelle, die man nicht beantworten kann.

3

Stelle zu jedem Text eine Frage, die man beantworten kann. Löse und antworte.

a) Für die 1. und 2. Klassen wird ein Theaterstück in der Turnhalle aufgeführt.

b) Die 3. und 4. Klassen fahren ins Verkehrsmuseum.

c) Hausmeister Emmert hat die vorhandenen Schülertische und Schülerstühle gezählt. 382 Schülerstühle und 167 Schülertische sind vorhanden. Davon sind aber 21 Stühle und 17 Tische kaputt und können nicht mehr repariert werden.

4 ❀

Schreibe zu den Fragen kurze Rechengeschichten, löse und antworte.

a) Wie viele Schüler fahren in den Zoo?

b) Wie viele Schüler nehmen an der Fahrradprüfung teil?

c) Wie viele Schüler fahren ins Schullandheim?

d) Wie viele Arbeitshefte müssen bestellt werden?

1

a) Welches Puzzleteil passt hier? Welche Fläche fehlt?

Anna

Berat

Carlo

David

b) Achtung: Jetzt sind die Muster verdreht.

Emelie

Franka

Gerhard

Heike

c) Ein Puzzleteil bleibt übrig. Zeichne selbst ein Muster dazu.

1 a)

Zeichne eine Tabelle und trage ein.

Zahl	0	1	2	3
Anzahl der Zündhölzer	6	2		

b) Aus welchen Zahlen kann man eine andere Zahl bilden, wenn man …
- genau ein Hölzchen umlegt?
- genau ein weiteres Hölzchen ergänzt?

2 a)

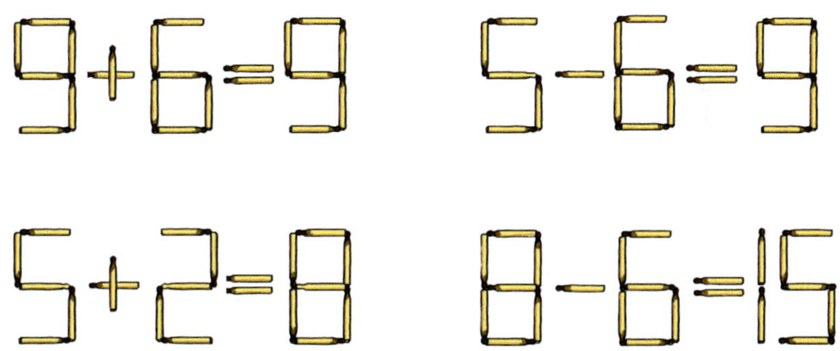

b)

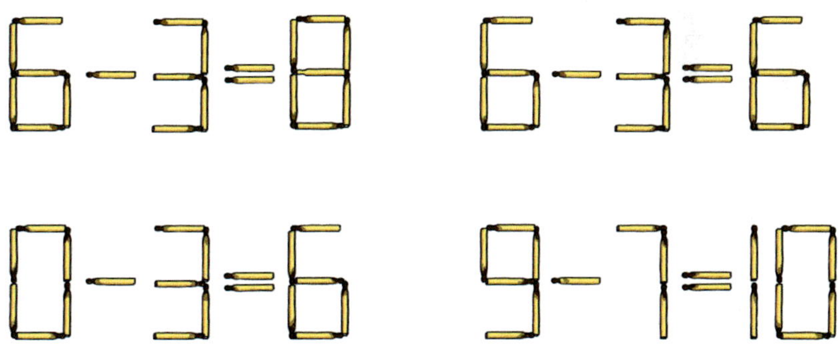

c)

Denke dir weitere Knobelaufgaben für deinen Partner aus.

Findest du sogar eine Knobelaufgabe mit mehreren Lösungen?

So weit kommt man etwa in einer Stunde:

4 km

10 km

15 km

80 km

800 km

Dem Bild Informationen entnehmen und diese beschreiben. Fragen der Kinder mithilfe der Informationen unter dem Bild beantworten.

1

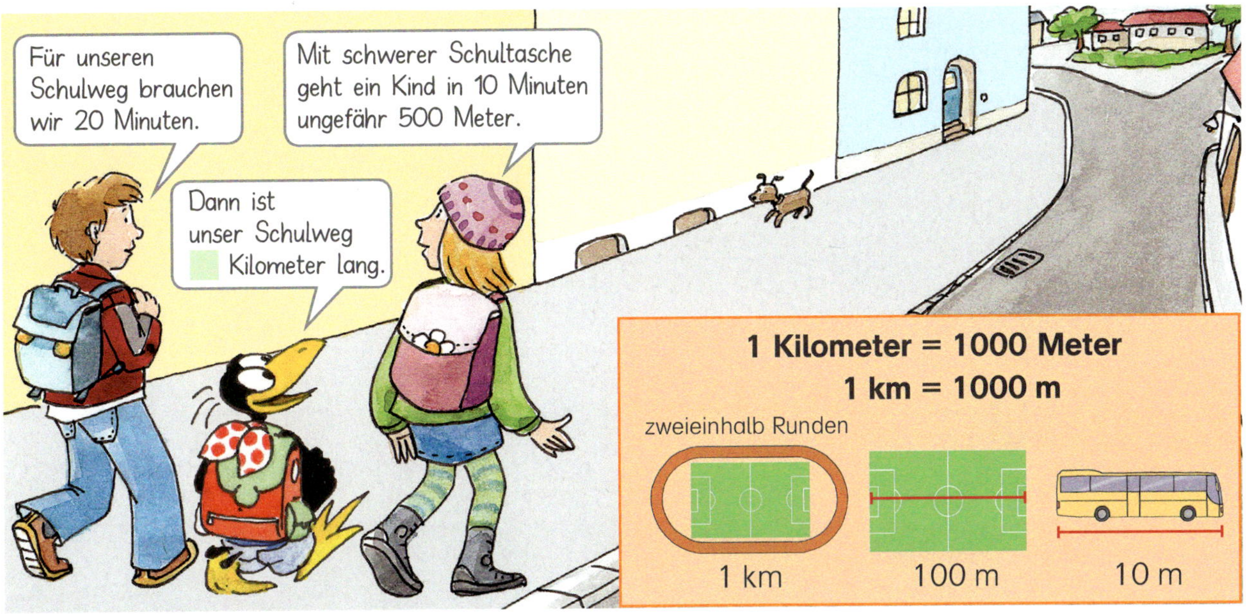

Schulwege verschiedener Kinder:

	benötigte Zeit	Länge
Sina	20 min	1 km
Daniel	40 min	☐ km
Ebru	30 min	☐ km ☐ m
Simon	25 min	☐ km ☐ m

a) Wie viele Kilometer und Meter laufen die Kinder ungefähr zur Schule?
b) Wer hat den kürzesten Weg? Wer hat den längsten Weg?
c) Wie lange läufst du? Wie lang ist dein Weg ungefähr?
d) Was wäre, wenn du schneller gehst?

2

Womit würdest du einen Kilometer abmessen? Begründe in deinem Lerntagebuch.

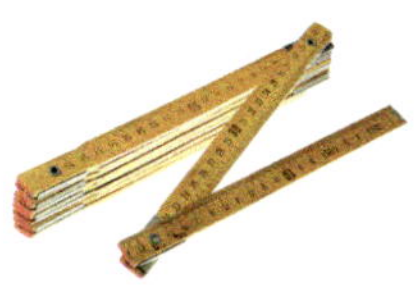

3

Wie viele Meter fehlen bis 1 km?

880 m + ☐ m = 1 km

a)

880 m	640 m	360 m
505 m	995 m	95 m

5 m 120 m 360 m 495 m 640 m 905 m

b)

901 m	307 m	799 m
828 m	111 m	17 m

99 m 172 m 201 m 693 m 889 m 983 m

4

Wie weit war es etwa?

a) Alim ist zwei Stunden Rad gefahren.

b) Wir sind drei Stunden mit dem Auto gefahren.

c) Büsra war 4 Stunden zu Fuß unterwegs.

d) Josef fuhr 2 Stunden Inlineskates.

e) Unser Flug in den Urlaub dauerte eineinhalb Stunden.

f) Jana war 3 Stunden wandern. 10 Minuten machte sie Rast.

1

Das Komma trennt Meter und Zentimeter.

3,11 m = 3 m 11 cm = 311 cm

Vervollständige die Tabelle.
Beginne mit dem kürzesten Sprung.

		m	cm	
Lennard:	1,67 m	1	67	167 cm

2

Schreibe mit Komma.

1 m 50 cm = 1,50 m

a) 1 m 50 cm
3 m 70 cm
15 m 40 cm
28 m 80 cm

b) 1 m 28 cm
8 m 54 cm
10 m 68 cm
42 m 93 cm

c) 1 m 5 cm
7 m 3 cm
12 m 9 cm
50 m 5 cm

Achtung!
1 m 5 cm
= 1,05 m
= 105 cm

3

Ordne nach der Länge.

706 cm < 760 cm = 7,60 m < 76 m

a) 760 cm; 76 m; 7,60 m; 706 cm
43 m; 34 cm; 4,30 m; 43 cm
26,50 m; 256 cm; 2,65 m; 2,56 m
98 m; 9 m 80 cm; 90,98 m; 908 cm

b) 240 cm; 24 m; 0,24 m; 2 m 4 cm
3 m 5 cm; 0,35 m; 3,05 m; 350 cm
5,50 m; 5 m 5 cm; 555 cm; 5,05 m
30 m; 30 m 3 cm; 30 m 30 cm; 30,30 m

4

Immer 2 Kärtchen ergeben zusammen volle Meter.

2 m 40 cm + 0,60 m = 3 m

5 cm | 695 cm | 2 cm | 0,5 m
0,60 m | 25 cm | 2 m 40 cm
93 m 50 cm | 0,75 m | 1,98 m

5

Der Weltrekord im Weitsprung der Männer liegt seit dem Jahr 1991 bei 8,95 m. Bei den Frauen wurde 1988 eine Weite von 7,52 m erreicht. Die deutschen Rekorde lagen 2012 bei 8,54 m und 7,48 m.

a) Vergleiche die Weltrekorde der Männer und Frauen.

b) Vergleiche die deutschen Rekorde der Männer und Frauen.

1

A: Maikäfer
B: Goldlaufkäfer
C: Mistkäfer
D: Kartoffelkäfer
E: Glühwürmchen
F: Marienkäfer
G: Moschusbock
H: Feuerkäfer

1 Zentimeter = 10 Millimeter
1 cm = 10 mm

ca. 1 mm   10 mm

a) Welche Käfer hast du schon mal gesehen?
b) Miss die Länge der Käfer ohne Fühler und Beine.

Maikäfer: 2 cm 4 mm = 24 mm

2

Die **Hornisse** ist die größte in Europa lebende Wespenart. Die Königin kann bis zu 35 mm groß werden.

Die **Weinbergschnecke** gehört zu den Gehäuse tragenden Land-schnecken und wird ca. 6 cm 6 mm lang.

Die **Waldmaus** gehört zur Familie der Langschwanzmäuse. Der Körper ohne Schwanz wird ca. 8 cm 5 mm lang.

Der **Zitronenfalter** ist ein Tagfalter aus der Familie der Weißlinge. Seine Flügelspannweite kann bis zu 55 mm betragen.

a) Zeichne entsprechende Strecken.
b) Ergänze zum nächsten Zentimeter.

Hornisse: 35 mm + ☐ mm = 4 cm

3

Schätze und begründe: Welche Linie ist 14 cm (18 cm, 26 cm) lang? Miss dann.

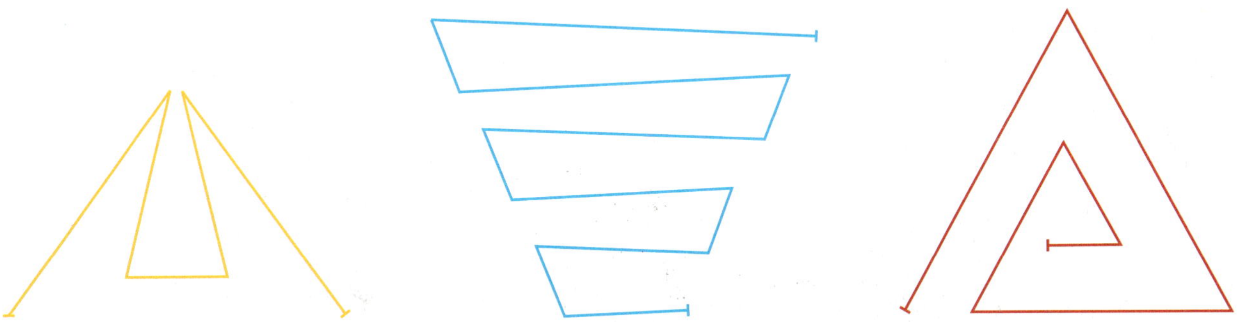

1

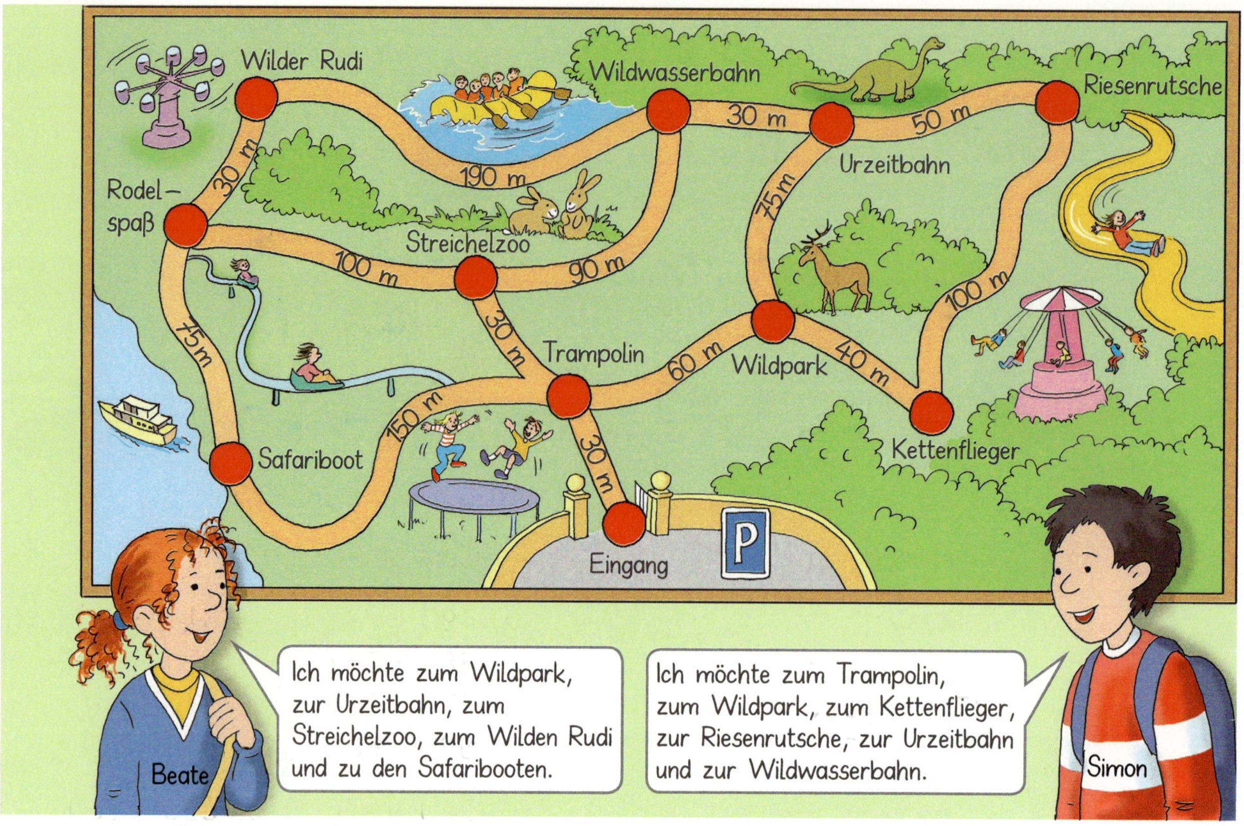

Zeige die verschiedenen Attraktionen oben auf dem Plan.

2

Beide Kinder zeichnen eine Skizze ihres Weges.

a) Was bedeuten die Pfeile und Punkte?

b) Wer hat welche Skizze gezeichnet?

c) Wie lang sind die beiden Wege?

d) Wie groß ist der Unterschied?

e) Beate und Simon möchten gemeinsam durch den Park gehen. Erstelle eine passende Skizze.

f) Wie lang ist dieser Weg?

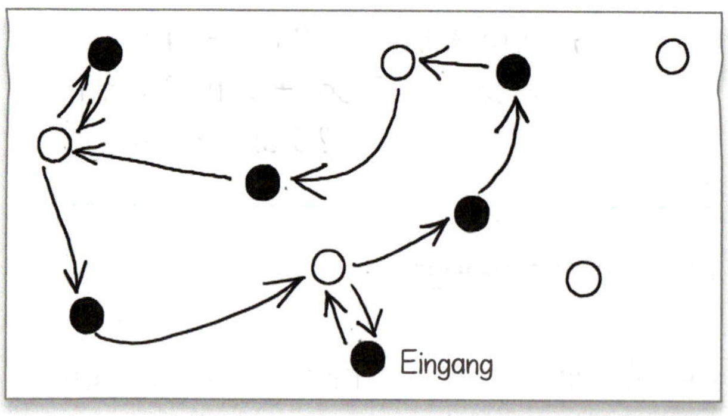

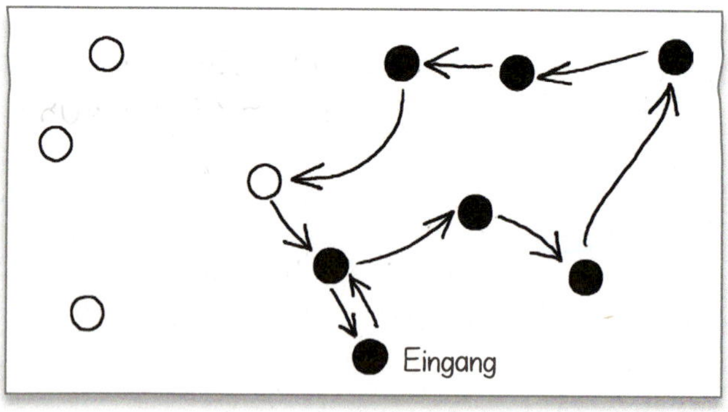

3

a) Welche Attraktionen möchtest du im Erlebnispark besuchen? Überlege, wie du laufen würdest und zeichne eine Skizze des Weges.

b) Findest du den kürzesten Weg, auf dem man zu allen Attraktionen kommt? Wie lang ist er?

6 — · 6 → ☐ — : 4 → ☐ — · 8 → ☐ — : 9 → ☐ — : 2 → 4

1 Ordne die Zahlen nach der Größe.

a) 543 587 600 589 555 590 578 521

b) 227 326 328 212 428 207 226 427

2 Runde die Zahlen …

a) auf Zehner.

481 518
625 393
759 907

b) auf Hunderter.

832 288
946 409
395 652

3 **Q** Addiere und subtrahiere.

a) 290 + 20 4
380 + 34 9
472 + 40 8
561 + 59 8

b) 810 − 80 10
725 − 70 16
630 − 64 17
518 − 53 15

c) 240 + 570 9
180 + 320 5
319 + 450 22
278 + 720 26

d) 820 − 160 12
440 − 250 10
912 − 570 9
738 − 340 20

4 Schreibe die Längen mit Komma und ordne.

a) 325 cm, 3 m 4 cm, 99 cm, 3 m, 107 cm, 1 m 20 cm

b) 4 m 34 cm, 430 cm, 4 m, 443 cm, 4 m 48 cm, 408 cm

5 Addiere die Längen und schreibe das Ergebnis als Kommazahl.

1 m 25 cm + 32 cm + 2 m
8 m 75 cm + 25 cm + 3 m
78 cm + 12 m 12 cm + 4 m
120 cm + 25 cm + 2 m 30 cm
30 m 17 cm + 23 cm + 7 m

6 Janina hat in eine Stellenwerttafel Plättchen gelegt. Welche Zahl ist dargestellt?

H	Z	E
●●●●●	●●●	●●●●●●●

Welche Zahlen können entstehen, wenn Janina
a) ein Plättchen in einem Feld dazulegt,
b) ein Plättchen aus einem Feld wegnimmt,
c) ein Plättchen von einem Feld in ein anderes verschiebt,
d) zwei Plättchen dazulegt?

6 ↓ · 2 ↓ ☐ ↓ : 4 ↓ ☐ ↓ · 8 ↓ ☐ ↓ : 4 ↓ ☐ ↓ · 5 ↓ ☐ ↓ : 3 ↓ ☐ ↓ · 2 ↓ ☐ ↓ : 5 ↓ 4

4 ↓ · 9 ↓ ☐ ↓ : 6 ↓ ☐ ↓ · 4 ↓ ☐ ↓ : 8 ↓ ☐ ↓ · 6 ↓ ☐ ↓ : 3 ↓ ☐ ↓ · 6 ↓ ☐ ↓ : 4 ↓ 9

4 — : 2 → ☐ — · 9 → ☐ — : 3 → ☐ — · 9 → ☐ — : 6 → 9

Reflexion: Kinder sollen über ihren Lernstand sprechen.

1

Würfel	Quader	Prisma	Pyramide	Zylinder	Kegel	Kugel

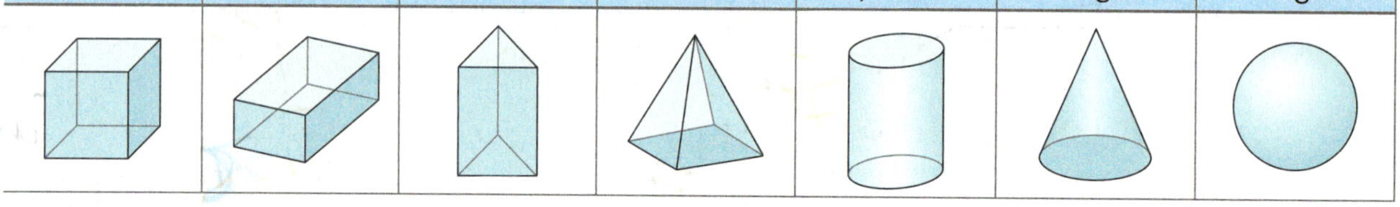

a) Welche Körper erkennst du oben auf dem Bild?
b) Nenne zu jedem Körper weitere Gegenstände.

2

Wie viele Ecken, Seitenflächen und Kanten haben die einzelnen Körper? Erstelle Körper-Steckbriefe in deinem Lerntagebuch.

Würfel–Steckbrief

	Anzahl
Ecken	8
ebene Seitenflächen	
gewölbte Seitenflächen	
gerade Kanten	
gekrümmte Kanten	

3

Geoquiz: Um welche Körper handelt es sich? Wo gibt es mehrere Lösungen?

a) nur 2 Kanten

b) 6 quadratische Seitenflächen

c) genau 8 Kanten

d) weder Ecken noch Kanten

e) genau 3 Seitenflächen

f) gewölbte und ebene Seitenflächen

g) genau 6 Ecken

h) Erfinde eigene Aufgaben.

1

Sucht möglichst viele verschiedene Fünflinge. Wie viele verschiedene Fünflinge findet ihr?

2

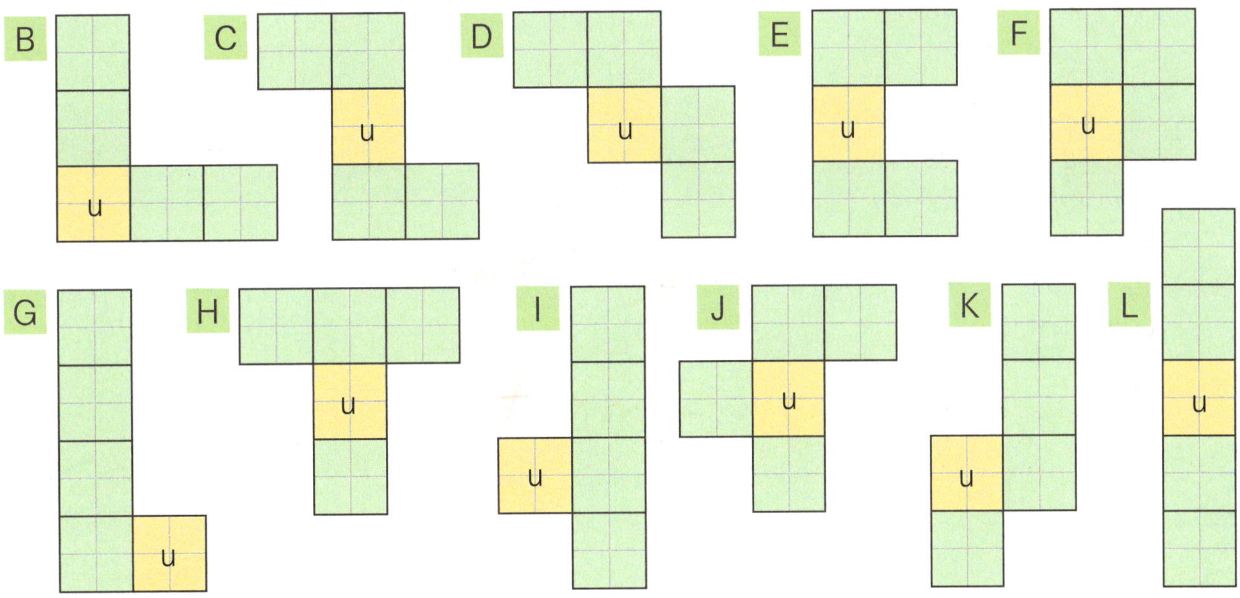

a) Zeichne alle Fünflinge auf Karopapier.

b) Falte die Fünflinge nun im Kopf: Aus welchen Fünflingen kann man einen oben offenen Würfel falten? Trage die Buchstaben v, h, l und r ein.

c) Färbe Seiten, die beim Falten zusammenstoßen, mit der gleichen Farbe.

d) Schneide die Fünflinge nun aus und überprüfe deine Lösungen durch Falten.

1–2 Es existieren insgesamt 5 verschiedene Quadratvierlinge und 12 verschiedene Quadratfünflinge (Pentominos), die nicht zueinander deckungsgleich sind.

Würfelnetze

1 Hier wurde ein Würfel aus Karton so ausgeschnitten, dass er nicht in Einzelteile zerfällt. Es entsteht ein Würfelnetz.

a) Entlang welcher Kanten wurde geschnitten?

b) Wie viele Kanten wurden aufgeschnitten?

c) Zeige Seitenflächen, die sich am Würfel gegenüberliegen.

> Bei einem Würfelnetz hängt jedes Quadrat an mindestens einer Seite mit einem benachbarten Quadrat zusammen.

2 4 Würfel wurden zerschnitten. Welches Netz passt zu welchem Würfel?

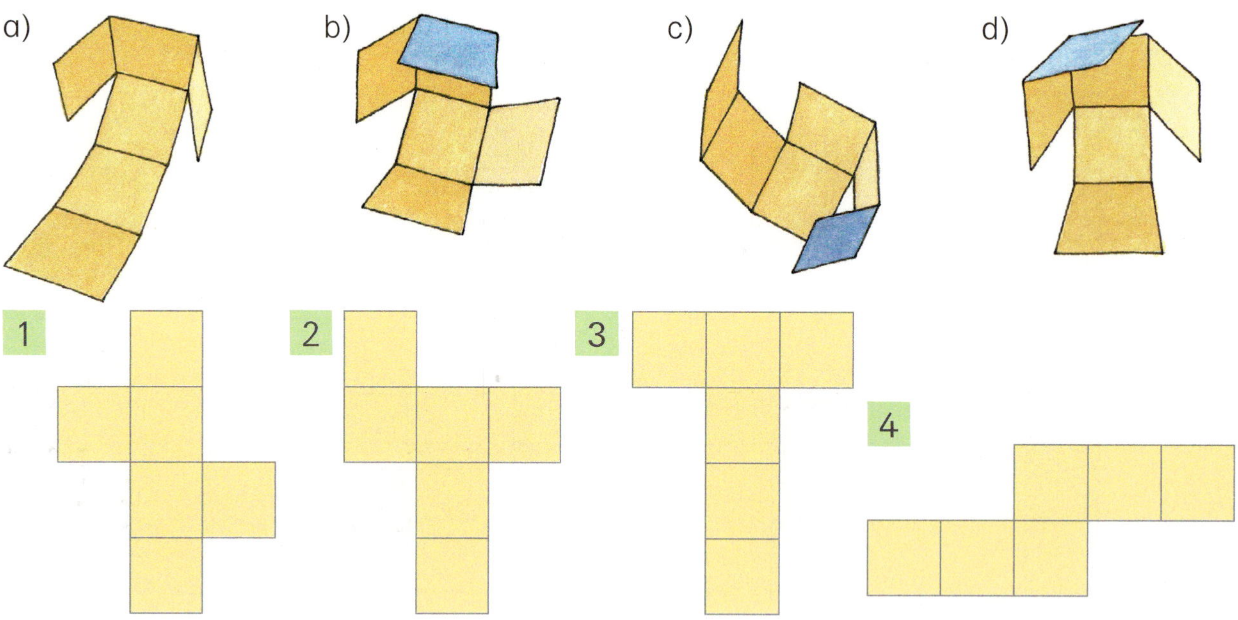

3 Welche Würfel können aus dem Netz gefaltet werden?

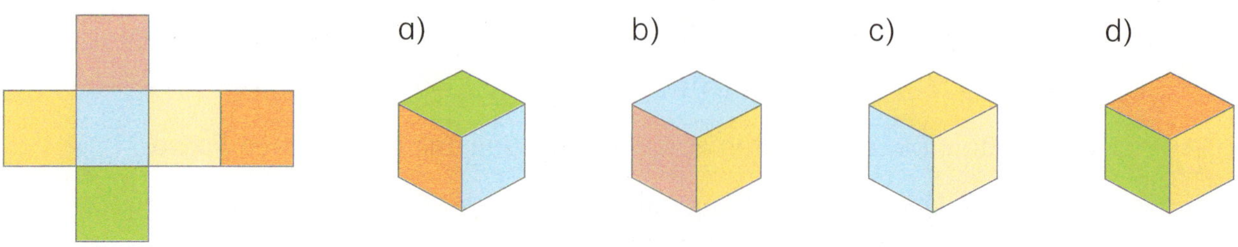

1 Welche Netze lassen sich zu Würfeln falten? Zeichne diese ab und beschrifte sie mit v, h, l, r, o, u. Überprüfe durch Ausschneiden und Falten.

b)
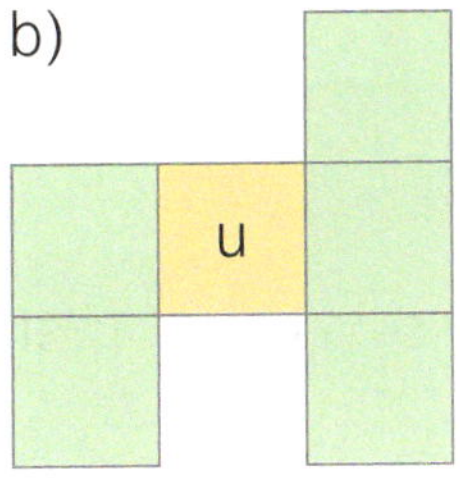

c)
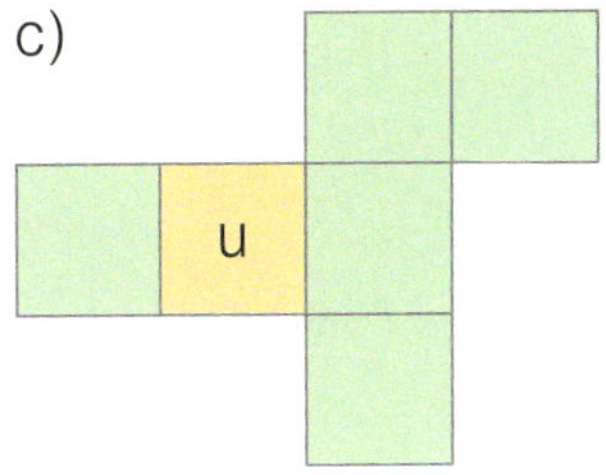

d)
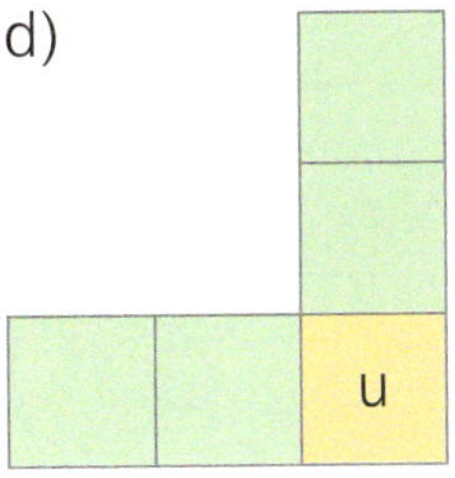

e)
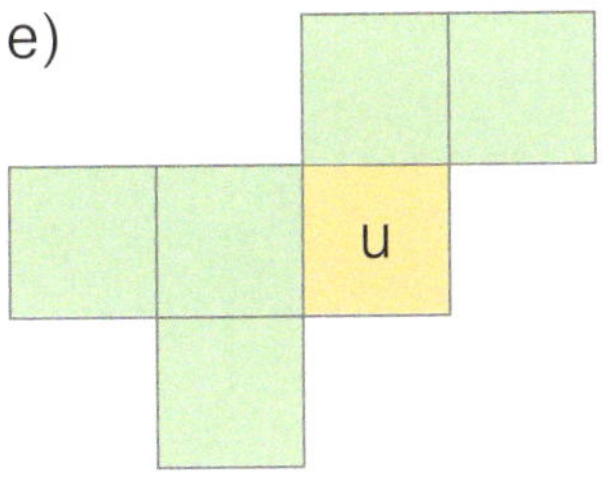

f)
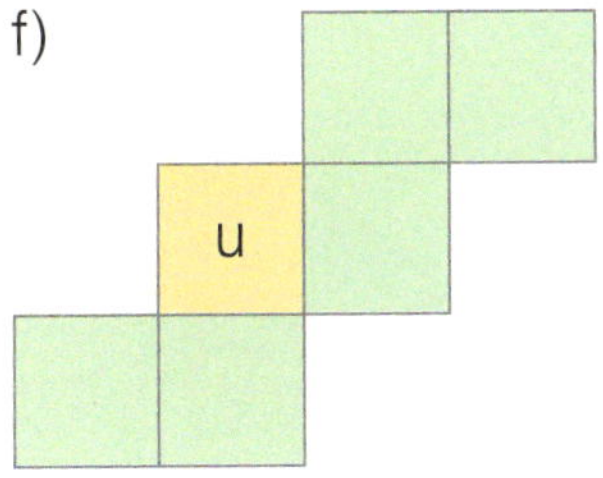

2 Falte die Netze in Gedanken so zu einem Würfel, dass die grüne Seitenfläche oben ist. Welche Augenzahlen liegen nach dem Falten links (rechts, vorn, hinten und unten)?

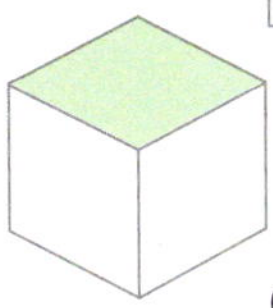

a)
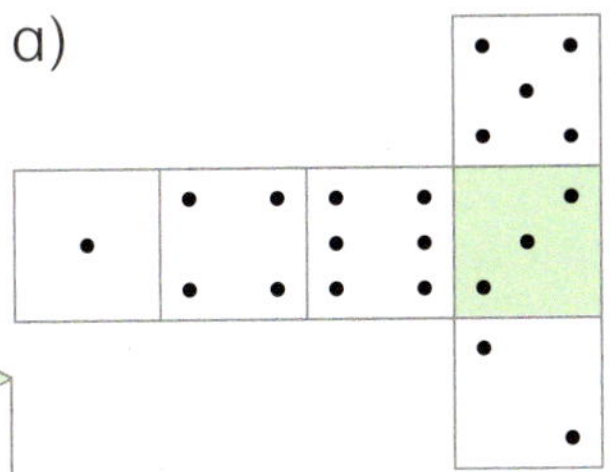

b)
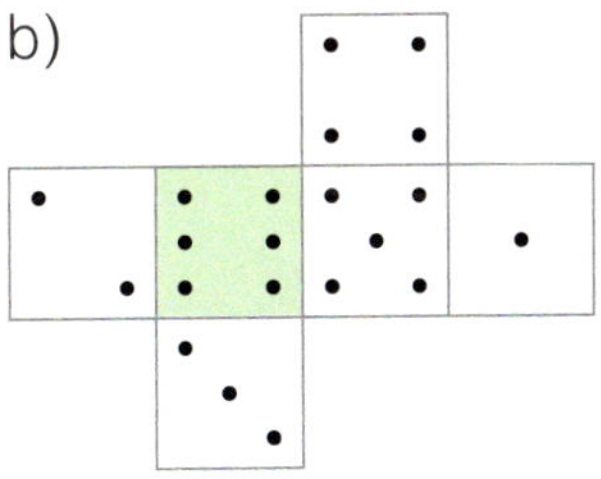

c)
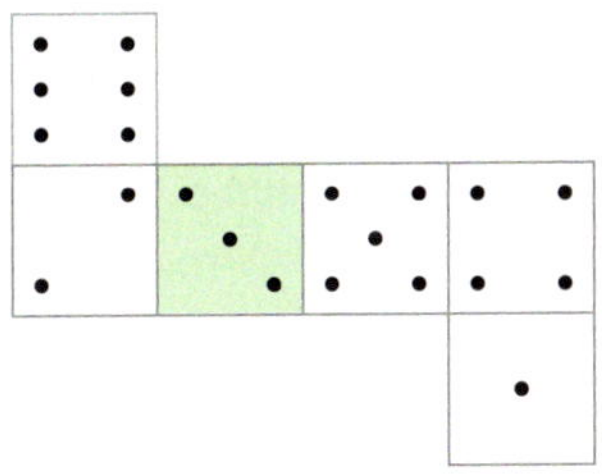

d)
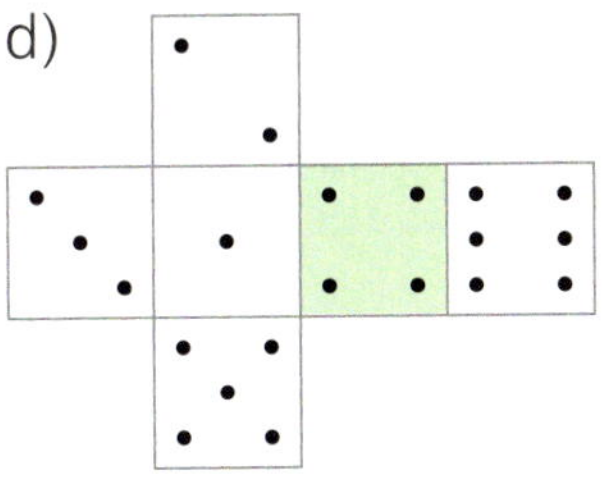

e)
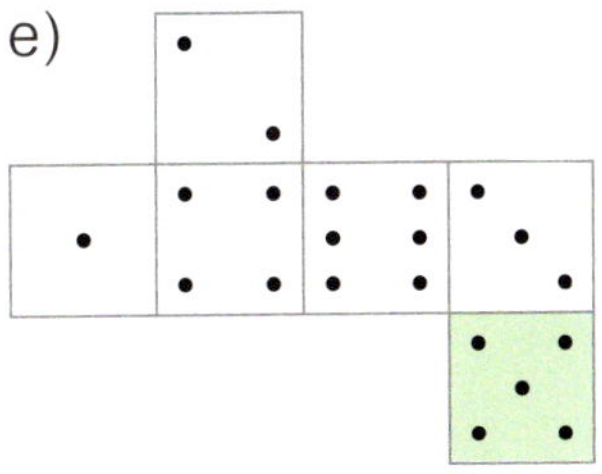

f)
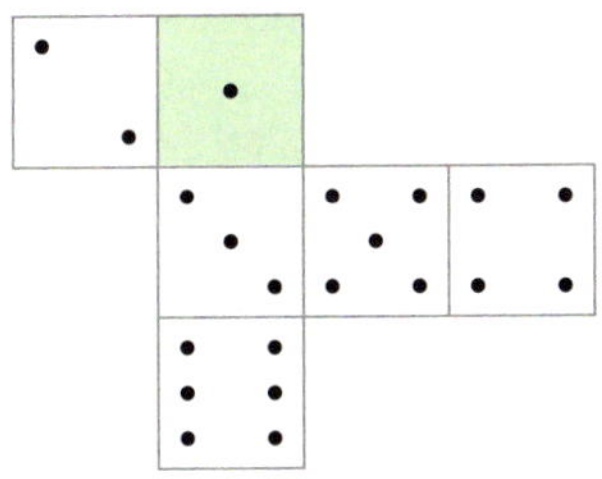

3 a) Zeichne die Würfelnetze ab und trage die fehlenden Augen ein.

b) Färbe Seiten, die beim Falten zusammenstoßen, mit der gleichen Farbe.

1
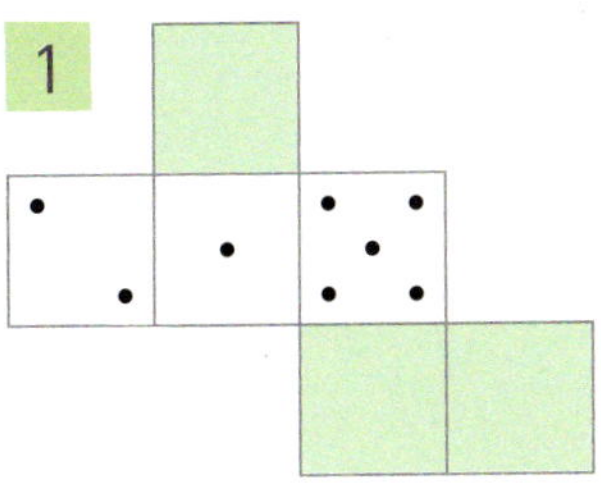

2
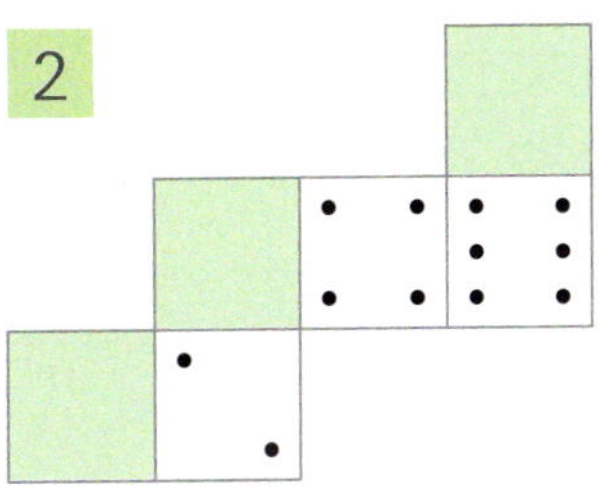

3
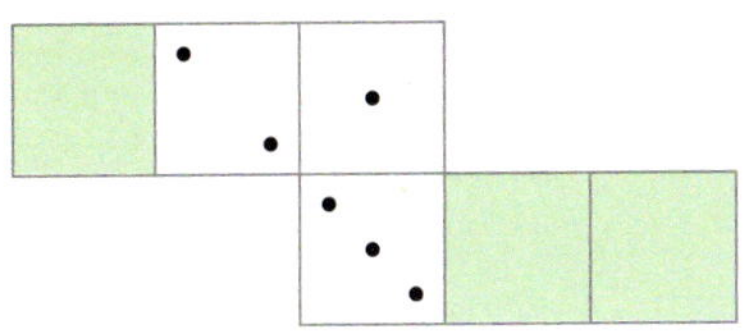

1 Zuerst in Gedanken falten. Dann das Würfelnetz auf ein Blatt Papier übertragen, ausschneiden, falten und Überlegungen kontrollieren. **3** Gegenüberliegende Ziffern ergänzen sich zur Zahl 7. Es gibt zwei Arten von Würfeln mit unterschiedlicher Orientierung.

1

2

Aus wie vielen Würfeln bestehen die Gebäude?

Gebäude	Anzahl der Würfel
1	5
2	
3	

3 Welche Gebäude gehören zu diesen Bauplänen? Notiere die Lösung im Heft.

Ali: Gebäude Nr.

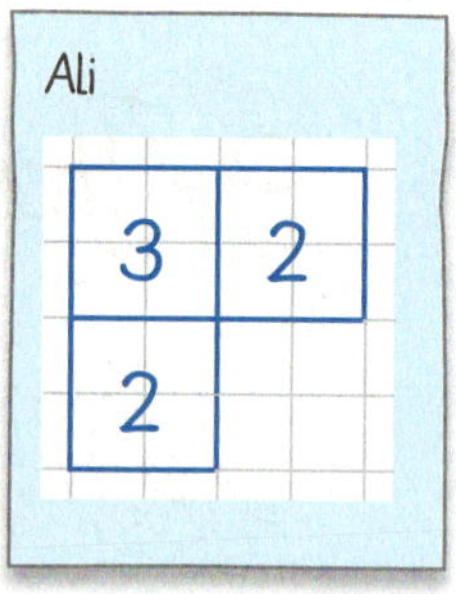

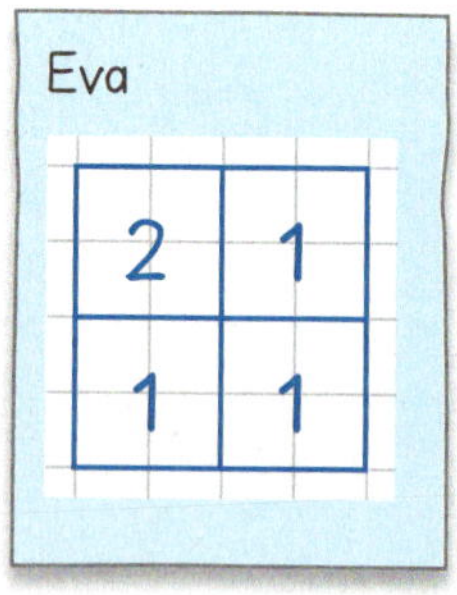

4 Zeiche die Baupläne der übrigen Gebäude in dein Heft.

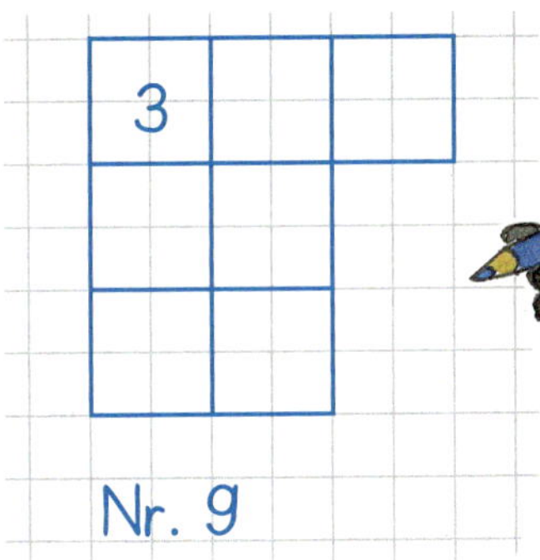

5 Zeichne einige Gebäude auch noch in anderen Ansichten:

a) von vorn,

b) von rechts,

c) von hinten.

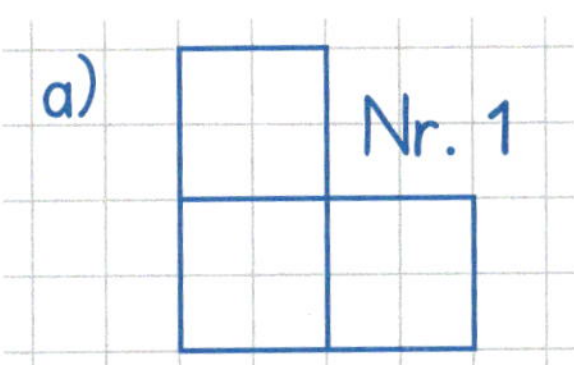

6

1

a) Schätze, wer mehr Würfel in seiner Schachtel stapeln kann.

b) Wie viele Würfel passen jeweils in die Schachtel?

c) Welche Schachtel hat den größeren Rauminhalt?

2

Wie viele Würfel passen in die Schachteln? Welcher Rauminhalt ist am größten?

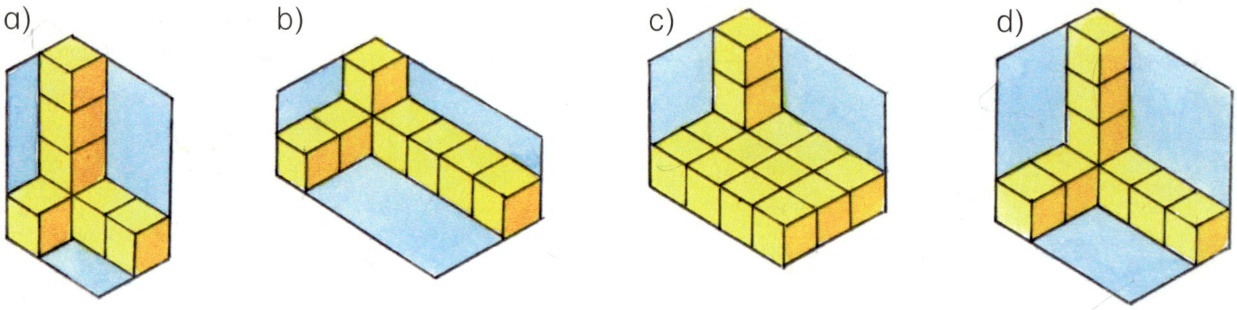

3

a) Aus wie vielen Würfeln sind die Körper zusammengesetzt?

b) Wie viele Würfel musst du mindestens hinzufügen, damit ein Quader entsteht?

4

Wie viele gelbe Würfel passen in die blauen Schachteln?

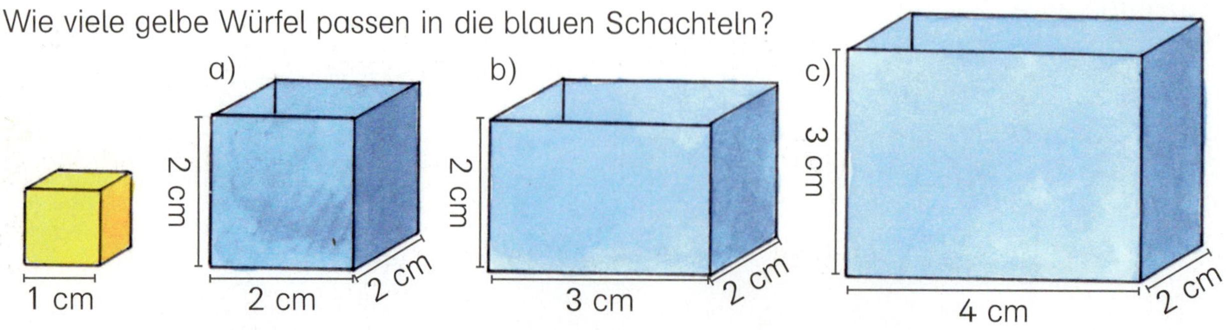

4 Einheitswürfel mit der Kantenlänge von 1 cm eignen sich gut zum Vergleichen und Bestimmen des Rauminhalts.

1

Welches Kind hat welche Ansicht gezeichnet?

a) 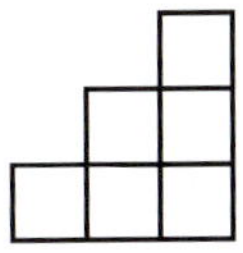

b) 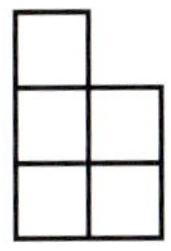

c) 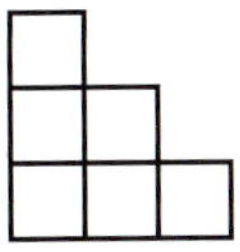

d) 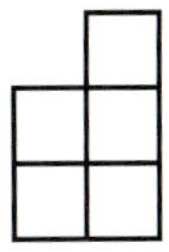

2

Welche Zeichnung zeigt das Gebäude von vorn, hinten, rechts und links?

a) 

b) 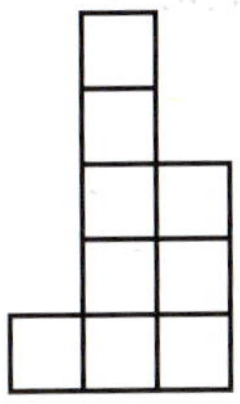

c) 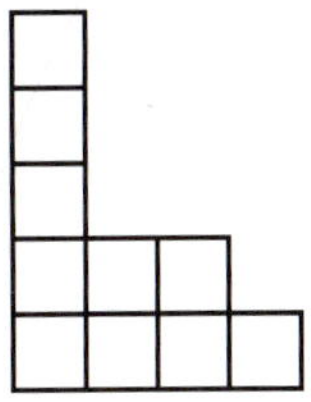

d) 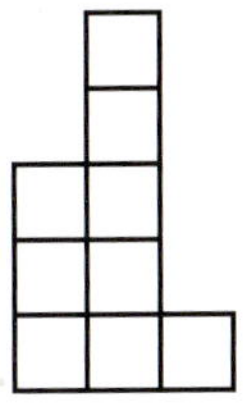

3

Stelle 2 Zündholzschachteln auf, wie hier dargestellt.

a) Schaue von links wie Sanni und zeichne.
Schaue dann von rechts wie Tim und zeichne.

b) Schaue und zeichne auch von vorn, von hinten und von oben.

4

a) Stelle 2 Zündholzschachteln so auf, wie es die Abbildungen zeigen.

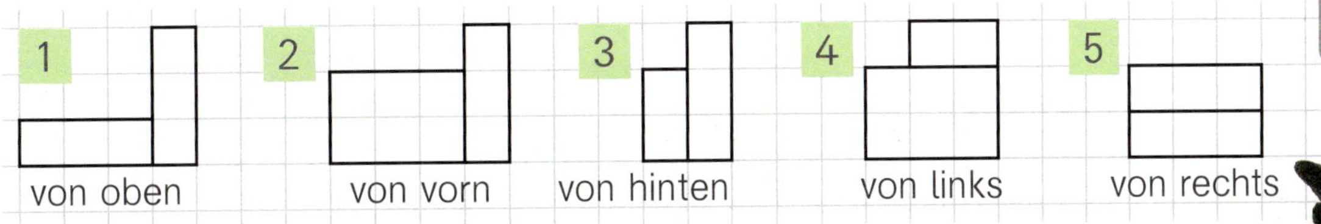

b) Zeichne zu jeder Aufgabe auch die 4 anderen Ansichten.

1

So überschlagen die Kinder. Was hältst du von diesen Überschlägen?

Susi überschlägt und rechnet schnell im Kopf:
187,99 € sind ungefähr 200 €
7,89 € sind ungefähr 10 €
16,75 € sind ungefähr 20 €
Alles zusammen kostet ungefähr 230 Euro.

Jan überschlägt so:
187,99 € sind ungefähr 190 €
7,89 € sind ungefähr 8 €
16,75 € sind ungefähr 17 €
Alles zusammen kostet ungefähr 215 Euro.

Kristin überschlägt so:
187,99 € sind ungefähr 188,00 €
7,89 € sind ungefähr 7,90 €
16,75 € sind ungefähr 16,80 €
Alles zusammen kostet ungefähr   Euro.

2

Welche Dinge, die im Schaufenster ausgestellt sind, möchtest du dir kaufen? Wähle aus und überschlage.

3

Die Seeschule gründet eine Band.

a) Welche Instrumente könnten sie gebrauchen?
b) Reichen 700 €? Überschlage.
c) Wie kann die Schule mit weniger Geld auskommen?

1 Die Astrid-Lindgren-Schule kauft neue Musikinstrumente. Jeder Klasse stehen 200 Euro zur Verfügung. Überschlage die Kosten.

a) Die Klasse 4 braucht ein Regenrohr, eine Kuhglocke, Bongos und ein Xylophon.

b) Die 3. Klasse möchte eine Pauke und eine Kuhglocke. Reicht das Geld auch noch für ein Regenrohr?

c) Die Klasse 2 möchte auf jeden Fall die Boomwhackers. Was könnte sie vom restlichen Geld noch kaufen?

2 Die Kinder wünschen sich Instrumente. Sie überschlagen die Kosten. Welche Instrumente können es sein?

Uli	Anna-Lena	Janine	Junus	Was suchst du dir aus?
40 € + 20 €	30 € + 50 €	130 € + 10 €	150 € + 140 €	

3 Überlege zuerst: Wo reicht ein Überschlag? Wo muss man genau rechnen? Löse dann.

a) Jonas hat 20 €. Er möchte ein Notenbuch für 12,99 € und einen Flötenputzer für 4,95 €. Nun überlegt er, ob sein Geld reicht.

b) Hannah muss für 10 Klarinettenblätter 23,90 € zahlen. Sie gibt der Verkäuferin 30 €. Die Verkäuferin überlegt, wie viel Rückgeld Hannah bekommt.

c) Auf dem Flohmarkt verkauft Eric eine Flöte für 11,50 €, einen Notenständer für 7,50 € und ein Flötenbuch für 1,90 € an eine ältere Frau. Er überlegt, wie viel Geld er verlangen muss.

d) Ina hat auf dem Flohmarkt 5 gebrauchte Flötenbücher für je 3,75 € verkauft. In ihrer Kasse hat sie jetzt 13,50 €. Nun überlegt sie, ob sie immer richtig herausgab.

e) Amelie möchte eine Trompete für 339 € kaufen. Auf ihrem Konto hat sie 148,83 €. Ihre Oma gibt ihr auch noch 160 € dazu. Reicht das Geld?

1

Zoo

Eintritt pro Person 9,00 €
Kinder bis 16 Jahre 4,50 €

Klassen im Klassenverband:
je Kind 4,00 €

Fahrten mit dem Zug und Bus
7,40 €
(hin und zurück)

Augsburger Puppenkiste

Eintritt

I. Kat.	12,50 €
II. Kat.	11,00 €
III. Kat.	9,50 €

Fahrt in Fahrtgemeinschaften
3,00 €
(Beitrag pro Kind)

Botanischer Garten

Eintritt pro Person

Erwachsene	3,00 €
Kinder	1,00 €
Schmetterlingshaus pro Person	1,50 €

Fahrt mit dem Bus 2,80 €
(einfache Fahrt)

Getränk und Brezel 1,50 €

Planetarium

Eintrittspreise

Erwachsene	6,50 €
Kinder	4,50 €
Kinder (Schulklasse)	2,00 €

Voranmeldung notwendig!

Fahrt mit dem Bus 3,10 €
(hin und zurück)

a) Die Schüler haben Ziele für den Ausflug nach Augsburg vorgeschlagen und in Gruppen Informationsplakate zu den Zielen erstellt. Beschreibe die Informationen. Wie viel würde der Ausflug für jedes Kind jeweils kosten?

Lies die Informationen genau durch.

b) Plant ihr auch einen Ausflug? Erkundigt euch nach den Preisen für die Fahrt und den Eintritt. Überlegt, welche weiteren Kosten entstehen. Erstellt ein Plakat zu eurem geplanten Ausflug.

1 In der Klasse 3c stimmen die Kinder ab, wohin der Ausflug gehen soll. Sie zeichnen ein Balkendiagramm zum Abstimmungsergebnis.

a) Wie viele Kinder haben sich jeweils für welches Ziel entschieden?

b) Viele Kinder bringen ein Getränk zum Schulausflug mit. Wie viele Kinder haben Kakao (K), Tee (T), Saft (S), Wasser (W) oder Apfelschorle (A) dabei?

c) Wie viele Kinder haben kein Getränk?

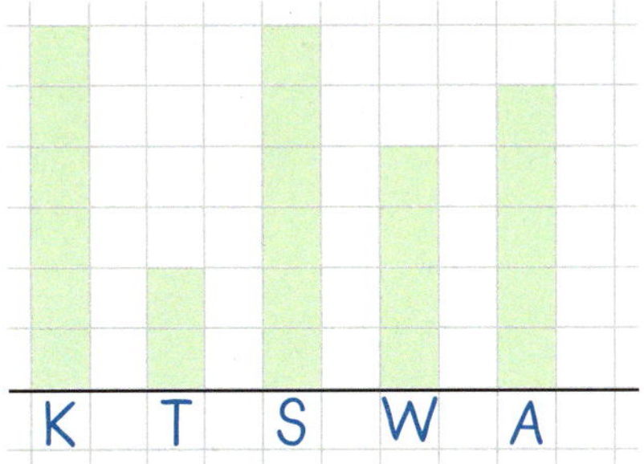

2

> Die 27 Kinder der Klasse 3b haben unterschiedliche Freizeitbeschäftigungen. Sport liegt an der Spitze. Nur halb so viele Kinder lesen ein Buch. Die wenigsten Kinder machen Musik in der Freizeit und nur wenige mehr malen Bilder. Gleich viele Kinder basteln gerne oder haben eine andere Beschäftigung in ihrer Freizeit.

Löse das Rätsel mithilfe des Balkendiagramms.

a) Welcher Balken im Diagramm steht für welche Freizeitbeschäftigung?

b) Wie viele Kinder sind es jeweils?

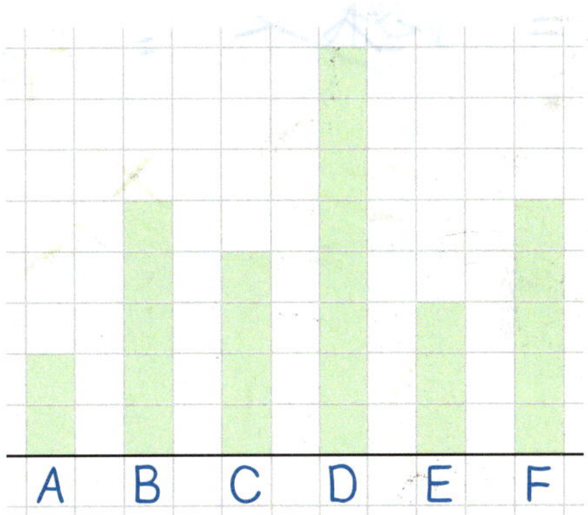

c) Macht eine Umfrage in eurer Klasse und erstellt dazu ein Balkendiagramm.

3 Martin hat 10 Minuten lang die vorbeifahrenden Fahrzeuge vor der Schule gezählt. Zeichne ein Balkendiagramm. Stelle deinem Partner Fragen dazu.

卌 卌 ||	卌 |	卌 卌 卌 ||||	卌 |||	卌 卌 |

4 Wie lange dauert der Schulweg? Erstellt eine Tabelle für eure Klasse. Zeichnet ein Balkendiagramm. Stellt euch gegenseitig Fragen dazu.

weniger als 5 Minuten	5 bis 15 Minuten	länger als 15 Minuten

1

	H	Z	E

+			

	H	Z	E
	3	2	4
+	2	1	3

Ich schreibe passend untereinander:
Einer unter Einer,
Zehner unter ...

	H	Z	E
	3	2	4
+	2	1	3
	5	3	7

Ich addiere zuerst die Einer, dann die Zehner, dann die Hunderter.

4 + 3 = 7, **7** an,
2 + 1 = 3, **3** an,
3 + 2 = 5, **5** an.

2

	H	Z	E
	1	2	3
+	3	4	5

	H	Z	E
	4	5	2
+	2	3	6

	H	Z	E
	1	3	5
+	3	3	3

	H	Z	E
	2	3	4
+	5	6	3

	H	Z	E
	3	2	1
+	3	6	7

	H	Z	E
	2	7	4
+		2	5

	H	Z	E
	7	3	2
+		6	6

	H	Z	E
		6	8
+	2	3	1

	H	Z	E
		5	6
+	4	1	2

	H	Z	E
	6	0	7
+	1	9	0

299 468 688 797 798

3 Q

Schreibe stellengerecht untereinander und addiere.

a) 324 + 173 20 | 254 + 135 20 | 47 + 632 22 | 406 + 590 24
162 + 435 21 | 124 + 824 21 | 841 + 58 26 | 612 + 87 24
832 + 124 20 | 305 + 690 23 | 405 + 93 21 | 56 + 823 24

b) 264 + 123 + 312 24 | 311 + 162 + 416 25 | 57 + 231 + 110 20
145 + 321 + 422 24 | 104 + 341 + 524 24 | 530 + 103 + 304 19
333 + 444 + 222 27 | 602 + 231 + 155 25 | 46 + 31 + 822 26

1 Am Anfang zur Unterstützung die Stellenwerte beim Sprechen und Schreiben mitführen, z. B. 4E + 3E = 7E, ...

1

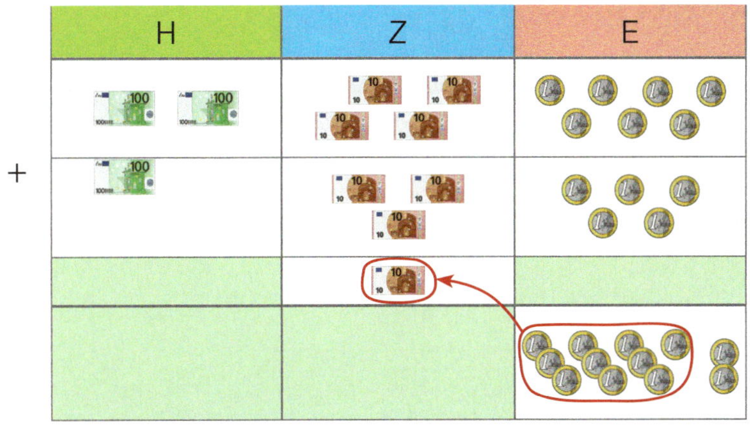

H	Z	E
2	4	7
+ 1	3	5
	1	
		1 2

	H	Z	E
	2	4	7
+	1	3	5
		1	
	3	8	2

7 + 5 = 12, **2** an, 1 gemerkt,
4 + 3 + 1 = 8, **8** an,
2 + 1 = 3, **3** an.

2

H Z E	H Z E	H Z E	H Z E	H Z E
4 2 7	3 7 8	6 8 5	1 5 6	5 4 7
+ 2 5 4	+ 4 1 5	+ 2 5 2	+ 7 2 5	+ 2 4 6
1				

H Z E	H Z E	H Z E	H Z E	H Z E
2 3 5	7 6 3	7 4 5	7 6 8	2 8 6
+ 5 9 4	+ 1 7 4	+ 8 4	+ 1 5 5	+ 5 9 5

681 793 829 881 923 937

3 **Q** Schreibe stellengerecht untereinander und addiere.

a) 534 + 348 18 | 282 + 447 18 | 254 + 137 13 | 798 + 108 15
319 + 162 13 | 393 + 534 18 | 166 + 226 14 | 77 + 349 12
427 + 537 19 | 476 + 373 21 | 628 + 139 20 | 89 + 96 14

b) 123 + 436 + 324 19 | 234 + 482 + 157 18 | 186 + 409 + 258 16
246 + 31 + 407 18 | 83 + 164 + 309 16 | 204 + 76 + 651 13
38 + 43 + 510 15 | 617 + 98 + 270 22 | 523 + 154 + 68 16

1 Am Anfang zur Unterstützung die Stellenwerte beim Sprechen und Schreiben mitführen, z. B. 7E + 5E = 12E, …

Schriftlich addieren

1 Finde Rechenfehler. Bei manchen Aufgaben reicht der Überschlag.

a) Ü: 300 + 300 = 600

```
  3 4 7
+ 2 6 5
  1 1
-------
  6 1 2
```

a)	347 + 265 = 512	372 + 619 = 981	427 + 382 = 809
b)	209 + 785 = 994	267 + 562 = 729	356 + 427 = 773
c)	378 + 269 = 537	479 + 365 = 844	685 + 146 = 731

2

a)	2■6 + 41■	= ■69
b)	42■ + 2■1	= ■93
c)	■56 + 23■	= 5■7
d)	4■0 + ■77	= 79■
e)	45■ + ■03	= 6■9
f)	■28 + 56■	= 9■1
g)	■38 + 2■5	= 91■
h)	3■7 + ■53	= 1100

3

a)

b) Hier gibt es immer mehrere Lösungen. Warum? Finde alle Lösungen.

35■ + 41■ = ■63	2■7 + 3■5 = 55■
25■ + ■34 = 78■	4■8 + 35■ = 7■4

4

a)

```
  3 2 8
+ 2 3 6
+ 4 1 8
    2
-------
  9 8 2
```

a)

328 + 236 + 418 19	281 + 152 + 383 15
439 + 308 + 147 21	151 + 273 + 384 16
318 + 129 + 238 19	245 + 328 + 417 18
181 + 582 + 153 16	290 + 372 + 156 17

b)

378 + 262 + 203 15	279 + 12 + 423 12
268 + 369 + 287 15	24 + 676 + 98 24
187 + 258 + 360 13	8 + 88 + 888 21
76 + 367 + 499 15	69 + 178 + 296 12

1 a) Entscheide, wie du rechnest.

b) Erfinde für jeden Briefkasten 5 weitere Aufgaben.

2 Q

Wie rechnest du hier? Entscheide bei jeder Aufgabe neu.

a) 160 + 475 14	b) 190 + 750 13	c) 483 + 372 18
155 + 300 14	476 + 176 13	299 + 79 18
266 + 297 14	235 + 480 13	743 + 184 18
770 + 135 14	340 + 420 13	370 + 449 18
337 + 586 14	526 + 396 13	801 + 135 18
550 + 310 14	284 + 530 13	195 + 660 18

3

a) Du erhältst meine Zahl, wenn du 296 und 388 addierst.

b) Addiere 151 und 515 zu 321 und du erhältst meine Zahl.

c) Du erhältst 666, wenn du von meiner Zahl 123 subtrahierst.

d) Du erhältst 703, wenn du zu meiner Zahl 638 addierst.

e) Du erhältst 900, wenn du zu meiner Zahl zuerst 250 und dann 520 addierst.

f) Du erhältst 543, wenn du von meiner Zahl zuerst 212 und dann 232 subtrahierst.

g) Wenn du zu 701 das Doppelte von 143 addierst, erhältst du meine Zahl.

h) Wenn du zum Doppelten von 234 die Hälfte von 432 addierst, erhältst du meine Zahl.

i) Wenn du von der Hälfte von 750 das Doppelte von 155 subtrahierst, erhältst du meine Zahl.

65 130 684 789 987

1

a) Kennst du meine EDE–Zahlen noch?
Na klar! Bilde jetzt so wie ich EDE–Additionsaufgaben.
EDE
+DED
313
+131
EDE
ADA
313
626
636
545
515
434
323
727
Ich habe einen Tipp: Ich kann das Ergebnis sofort an der EDE–Zahl erkennen.
313 → 444
626 → 888
b) Ein Ergebnis kommt mehrfach vor. Finde noch andere Aufgaben mit diesem Ergebnis. Wie viele gibt es?
c) Finde auch möglichst viele Aufgaben zu anderen Ergebnissen.
d) Schreibt die verschiedenen Ergebnisse der Größe nach untereinander. Beginnt mit dem kleinsten. Was fällt euch auf?

2

a) Schreibe zu den AAL–Zahlen Additionsaufgaben. Betrachte die Ergebnisse. Was fällt dir auf?
113
441
227
224
118
335
Kannst du an der AAL–Zahl sofort das Ergebnis der Additionsaufgabe erkennen?
AAL
+LAA
113
+311
Tipp
113 → 424
441 → 585
b) Finde Aufgaben, bei denen das Ergebnis unter 1000 liegt.
c) Finde Aufgaben, bei denen das Ergebnis über 1000 liegt.

1

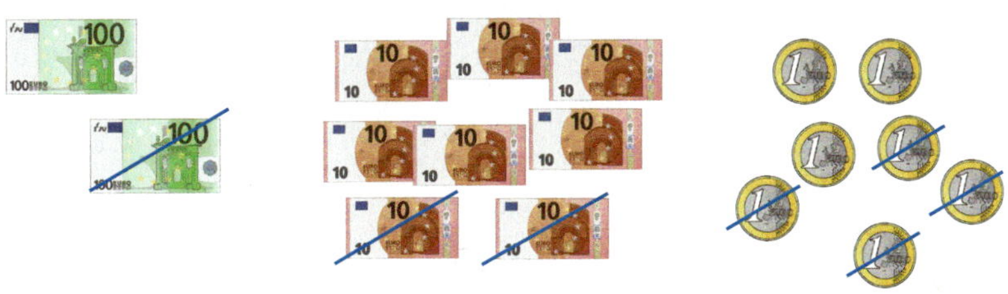

	H	Z	E
	2	8	7
−	1	2	4

	H	Z	E
	2	8	7
−	1	2	4
	1	6	3

7 − 4 = 3, **3** an,
8 − 2 = 6, **6** an,
2 − 1 = 1, **1** an.

2

HZE	HZE	HZE	HZE	HZE
475	986	763	398	548
− 241	− 715	− 251	− 154	− 203

HZE	HZE	HZE	HZE	HZE
785	597	877	997	495
− 514	− 353	− 532	− 485	− 261

HZE	HZE	HZE	HZE	HZE
685	963	499	894	754
− 401	− 451	− 154	− 23	− 33

234 244 271 284 345 512 721 871

3 **Q**

Schreibe untereinander und subtrahiere.

a) 463 − 251 5
398 − 153 11
783 − 351 9
678 − 217 11
986 − 745 7

b) 419 − 101 12
899 − 123 20
985 − 462 10
789 − 67 11
596 − 470 9

c) 867 − 624 9
786 − 462 9
588 − 136 11
657 − 427 5
999 − 33 21

d) 784 − 261 10
862 − 421 9
978 − 56 13
676 − 45 10
912 − 411 6

1 Am Anfang zur Unterstützung die Stellenwerte beim Sprechen und Schreiben mitführen.

1

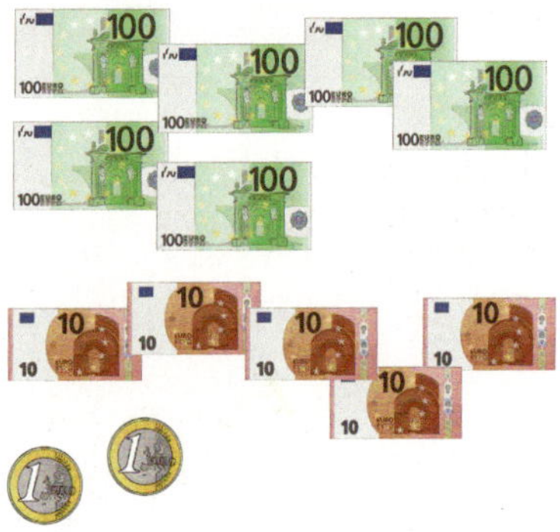

	H	Z	E
	6	5	2
		1	
−	2	3	4
			8

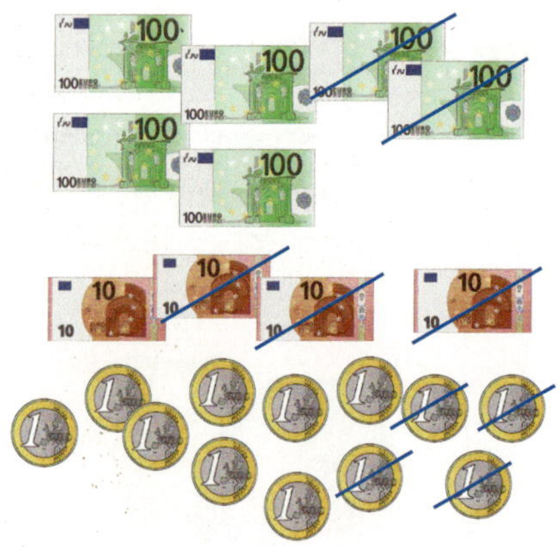

	H	Z	E
	6	5	2
		1	
-	2	3	4
	4	1	8

2 − 4 geht nicht, 1 entbündeln,
12 − 4 = 8, **8** an,
5 − 1 − 3 = 1, **1** an,
6 − 2 = 4, **4** an.

2

HZE	HZE	HZE	HZE	HZE
482 − 154 (Übertrag 1 bei Z)	635 − 218	983 − 569	764 − 355	843 − 437
928 − 592 (Übertrag 1 bei H)	738 − 260	819 − 491	653 − 275	523 − 187

328 336 378 406 409 414 417 478

3 Q

Schreibe untereinander und subtrahiere.

a) 653 − 327 11
462 − 247 8
971 − 148 13
783 − 568 8
356 − 147 11

b) 590 − 385 7
851 − 346 10
356 − 147 11
733 − 427 9
672 − 263 13

c) 941 − 580 10
417 − 226 11
638 − 375 11
516 − 472 8
725 − 83 12

d) 713 − 378 11
526 − 257 17
867 − 579 18
783 − 489 15
634 − 78 16

1

2 Schreibe untereinander, rechne und kontrolliere deine Ergebnisse wie Leo oder Nina.

a)	b)	c)	d)	e)
702 − 347	823 − 686	704 − 366	736 − 418	900 − 158
606 − 228	578 − 355	206 − 128	817 − 362	500 − 267
507 − 438	765 − 73	903 − 509	912 − 574	700 − 352
403 − 275	412 − 86	807 − 208	634 − 87	600 − 416
804 − 591	647 − 192	508 − 473	528 − 253	1000 − 623

3 Finde Rechenfehler. Bei manchen Aufgaben reicht der Überschlag.

Ü: 900 − 600 =

H	Z	E
9	1	2
− 6	1	7
2	9	5

a)

912	736	806	637
− 617	− 343	− 497	− 285
305	393	309	922

b)

841	508	637	934
− 609	− 117	− 234	− 687
242	291	403	247

c)

463	364	634	220
− 261	− 278	− 75	− 92
202	186	659	28

4

a)

7 ● 6	● 3 8	7 ● 3	5 4 2	● 0 ●
− 3 4 ●	− 2 ● 2	− ● 6 3	− ● ● 9	− 5 0 8
● 3 2	1 1 ●	3 ● 0	● 9 3	2 ● 5

b) Bei 2 Aufgaben gibt es mehrere Lösungen. Finde dort alle Lösungen.

c) Erfinde eigene Klecksaufgaben mit 3 Klecksen für deinen Partner.

1 Entscheide, wie du rechnest. Erfinde für jeden Briefkasten noch 5 Aufgaben.

2 **Q** Wie rechnest du hier? Entscheide bei jeder Aufgabe neu.

a)		b)		c)	
872 – 496	16	960 – 470	13	999 – 333	18
1000 – 210	16	578 – 196	13	900 – 144	18
337 – 168	16	931 – 99	13	671 – 284	18
700 – 234	16	658 – 465	13	400 – 112	18
999 – 533	16	460 – 186	13	809 – 350	18
570 – 194	16	970 – 120	13	723 – 174	18

3

a) Subtrahiere 393 von 987 und du erhältst meine Zahl.

b) Subtrahiere 362 von 941 und du erhältst meine Zahl.

c) Du erhältst 666, wenn du von meiner Zahl 123 subtrahierst.

d) Du erhältst 1000, wenn du zu meiner Zahl zuerst 174 und dann 274 addierst.

e) Du erhältst 321, wenn du von meiner Zahl zuerst 323 und dann 343 subtrahierst.

f) Du erhältst 888, wenn du zu meiner Zahl zuerst 175 addierst und dann 76 subtrahierst.

g) Wenn du vom Doppelten von 383 die Hälfte von 484 subtrahierst, erhältst du meine Zahl.

h) Wenn du zur Hälfte von 678 das Doppelte von 432 addierst, erhältst du meine Zahl.

i) Erfinde eigene Zahlenrätsel für deinen Partner.

524 552 579 594 789 987 1203

1

a) Bilde so wie ich EDE-Subtraktionsaufgaben.

b) Ein Ergebnis kommt mehrfach vor. Finde noch weitere Aufgaben mit diesem Ergebnis. Wie viele gibt es?

c) Finde auch möglichst viele Aufgaben zu den anderen Ergebnissen.

d) Schreibt die verschiedenen Ergebnisse der Größe nach untereinander. Beginnt mit dem kleinsten. Was fällt euch alles auf?

e) Berechne bei jedem Ergebnis die Quersumme. Was entdeckst du?

f) Berechne auch die Quersumme der Einer- und Zehnerstelle. Was entdeckst du hier?

g) Wie viele EDE-Subtraktionsaufgaben gibt es eigentlich?

Ich habe einen Tipp: Ich kann das Ergebnis schnell mit einer Multiplikationsaufgabe ausrechnen.

Schriftlich addieren mit Kommazahlen

1

	Euro		Cent	
	10 €	1 €	10 ct	1 ct
	1	4	9	5
+		4	8	9
+		0	4	9
			2	
				3

2

Überschlage zuerst, rechne dann genau. Vergleiche das Ergebnis mit dem Überschlag.

Ü: 15 € + ...

```
  14,63 €
+ 13,29 €
---------
     ,   €
```

a)

14,63 €	32,86 €	54,54 €	47,09 €
+ 13,29 €	+ 48,35 €	+ 31,08 €	+ 20,50 €

b)

11,23 €	13,23 €	54,69 €	49,56 €
+ 12,82 €	+ 9,37 €	+ 24,57 €	+ 34,30 €
+ 6,34 €	+ 17,81 €	+ 19,37 €	+ 2,46 €

3 Q

Schreibe als Kommazahlen und addiere.

a) 12 m 34 cm + 25,73 m 18
24 m 27 cm + 35,91 m 15
39 m 64 cm + 10,17 m 22
68 m 34 cm + 28,65 m 33

b) 8 m 58 cm + 376 cm 10
7 m 85 cm + 832 cm 15
6 m 77 cm + 306 cm 20
9 m 85 cm + 87 cm 10

c) 6 m 5 cm + 7,83 m 20
7 m 8 cm + 0,05 m 11
3 m 6 cm + 0,77 m 14
9 m 9 cm + 0,99 m 9

4

Sind immer 200 Euro im Geldbeutel?

3c Nullen beachten, z. B. 6 m 5 cm = 6,05 m

1

  5 0, 0 0 €
− 1 4, 8 0 €
__________ €

2

Überschlage zuerst, rechne dann genau. Vergleiche das Ergebnis mit dem Überschlag.

Ü: 26 € − 13 € =

  2 6, 4 5 €
− 1 2, 8 4 €
__________ €

a) 26,45 € − 12,84 € | 49,72 € − 26,08 € | 73,59 € − 39,70 € | 98,05 € − 20,66 €

b) 78,53 € − 40,42 € | 96,44 € − 52,51 € | 46,56 € − 13,48 € | 32,54 € − 7,67 €

3 Q

Schreibe untereinander und subtrahiere.

a) 56,43 m − 42,86 m 16
38,54 m − 17,91 m 11
82,61 m − 64,97 m 18
43,95 m − 18,47 m 19

b) 80,00 m − 56,46 m 14
70,00 m − 34,07 m 20
50,55 m − 34,06 m 20
90,28 m − 38,30 m 23

c) 46 m 56 cm − 13 m 48 cm 14
32 m 54 cm − 7 m 67 cm 21
80 m 5 cm − 64 m 59 cm 16
75 m 30 cm − 9 m 57 cm 21

4 Q

Schreibe alle Zahlen als Kommazahlen und subtrahiere.

632 ct 4 € 8 ct 8	13 € 4 ct 7,58 € 15	62,05 € 15 € 33 ct 19	806 ct 3,48 € 17
852 cm 6,05 m 13	16 m 4 cm 8,76 m 17	14,34 m 709 cm 14	20 m 3 cm 12,64 m 19

1

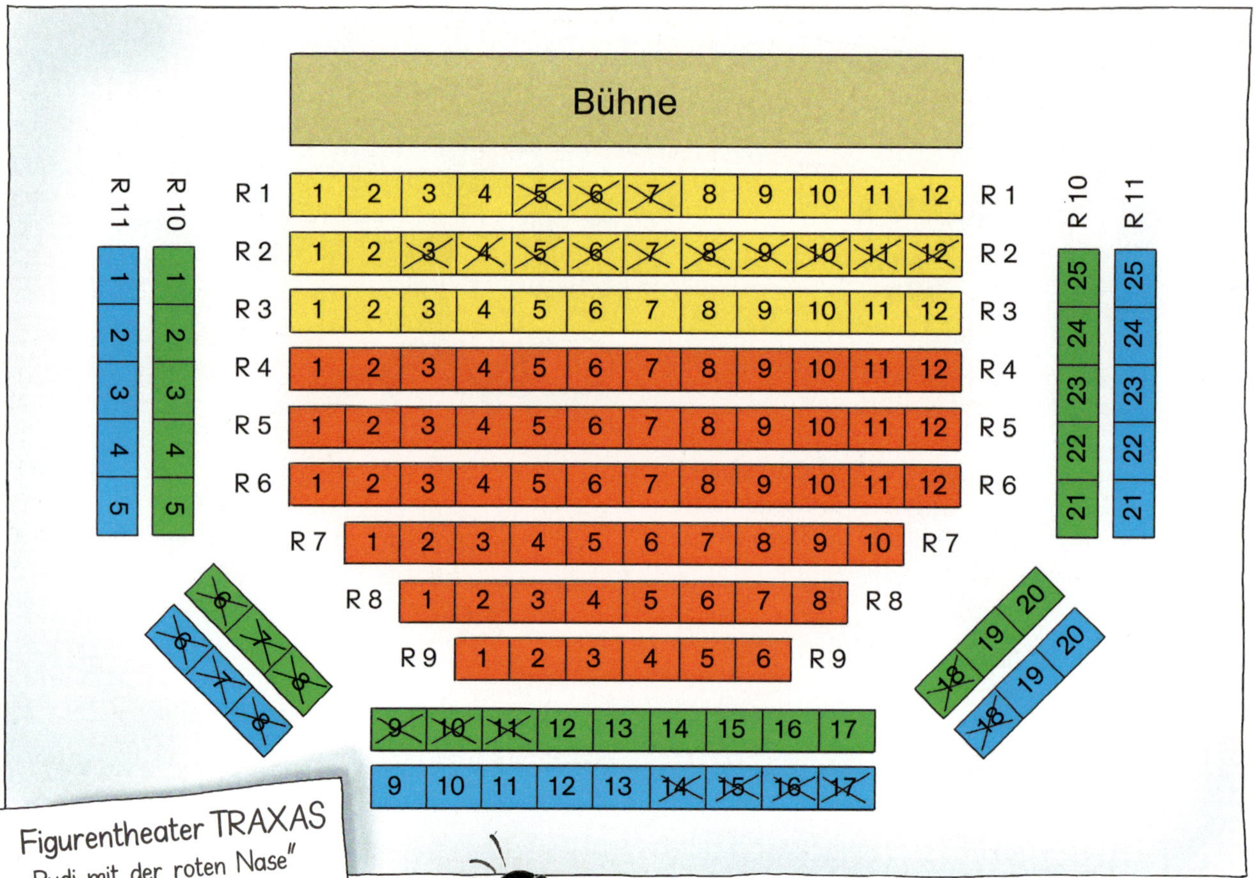

Figurentheater TRAXAS
„Rudi mit der roten Nase"

Eintrittspreise:

Preisklasse 1:	8 €
Preisklasse 2:	6 €
Preisklasse 3:	5 €
Preisklasse 4:	4 €

Die mit X gekennzeichneten Plätze sind schon verkauft.

Beschreibe den Saalplan.

a) Wie viele Plätze sind insgesamt schon verkauft?

b) Wie viele Plätze sind in der Preisklasse 4 noch frei?

c) Zu welcher Preisklasse gehören die Plätze in der Reihe 6?

d) Wie viele Plätze gibt es insgesamt in der Preisklasse 1?

2

Die dritten Klassen der Brüder-Grimm-Schule planen einen Theaterbesuch. Es werden 64 Kinder und 4 Lehrerinnen mitfahren.

Für die Fahrt zum Theater hat Frau Engelhardt Angebote von 3 Busunternehmen:

Wagner-Reisen	Busunternehmen Schulze	Kappler-Reisen
156 € für Hin- und Rückfahrt	84 € für eine Fahrt	149 € für Hin- und Rückfahrt

a) Können sich alle Kinder in die Preisklasse 2 setzen?

b) Mit welchem Busunternehmen fahren sie am günstigsten?

c) Wie teuer wird der Theaterbesuch insgesamt?

d) Plant ihr auch einen Theaterbesuch? Wie viel würde das bei euch kosten?

1

a) In dieser Woche hat das Theater TRAXAS 965 Karten verkauft. Letzte Woche waren es 773 Karten. Wie viele Karten wurden diese Woche mehr verkauft?

b) Wie viele Zuschauer besuchten an den beiden Tagen nach der Premiere jeweils die Vorstellungen?

c) Wenn alle Plätze im Theater TRAXAS besetzt sind, werden 873 € eingenommen. Wie viel Geld weniger ist es bei einer Sondervorstellung?

d) Wie viele Plätze blieben während der Theatertage insgesamt frei?

2

Burak:

Unsere Familie hat im Figurentheater TRAXAS das Märchen „Zwerg Nase" angeschaut. Meine Karte hat 6 € gekostet. Mein Vater hat für uns alle mit einem 50-€-Schein den Eintritt und auch noch für jeden ein Getränk bezahlt. Wie viel Geld hat er zurück bekommen?

a) Kannst du Buraks Aufgabe lösen? Welche Informationen fehlen dir?

b) Verändere den Text so, dass du die Aufgabe lösen kannst. Rechne und antworte.

3

Miriam:

Unsere Familie war am Sonntag in der 15-Uhr-Vorstellung im Figurentheater TRAXAS. Alle 146 Plätze waren besetzt. Der Eintritt kostete für meine Eltern je 8 € und für mich und meine beiden Brüder Tim und Leo zusammen 18 €. Das Theater dauerte 75 Minuten. Wie viel hat meine Mutter für die ganze Familie bezahlt?

a) Welche Angaben braucht ihr nicht zum Lösen der Aufgabe?

b) Schreibt Miriams Aufgabe neu, rechnet und antwortet.

1

a) Bilde Minustürme mit den Ziffern auf der Mauer. Was fällt dir auf?

b) Wie viele Stockwerke hat dein höchster, wie viele dein niedrigster Minusturm?

c) Baue eigene Minustürme.

d) Warum sind bei jeder Rechnung immer __ Überträge vorhanden?

e) Wie kommt es, dass bei den Ergebnissen in der Mitte immer eine __ steht?

f) Ordne die Ergebnisse von unten nach oben. Was fällt dir alles auf?

2

a) Wie viele Stockwerke hat jetzt dein höchster, wie viele dein niedrigster Minusturm?

b) Welches Ergebnis steht hier immer im untersten Stockwerk?

c) Ordne auch hier die verschiedenen Ergebnisse von unten nach oben. Betrachte die Liste: Was fällt dir auf?

7 — ·4 → □ — :4 → □ — ·5 → □ — − 29 → □ — ·8 → **48**

7 — ·8 ↓ □ — − 14 ↓ □ — :6 ↓ □ — ·7 ↓ □ — + 15 ↓ □ — :8 ↓ □ — :4 ↓ □ — ·2 ↓ **4**

48 — :6 ↓ □ — + 73 ↓ □ — :9 ↓ □ — ·6 ↓ □ — − 27 ↓ □ — :3 ↓ □ — ·5 ↓ □ — − 31 ↓ **14**

4 — ·9 → □ — + 27 → □ — :7 → □ — ·8 → □ — − 58 → **14**

1 Welche Figuren zeigen Würfelnetze? Zeichne sie ab und trage v, h, r, l, o ein.

a) 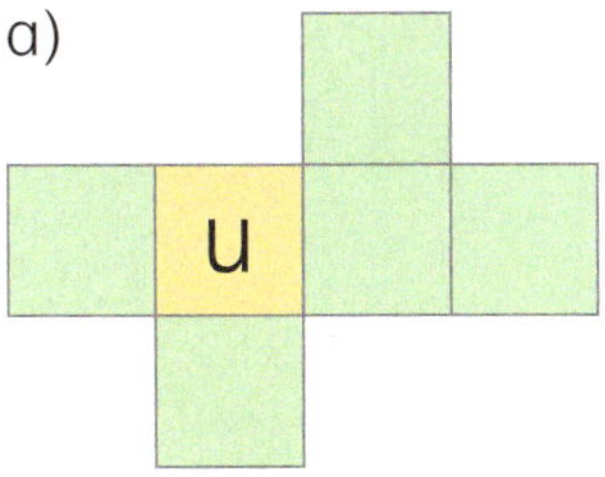

b) 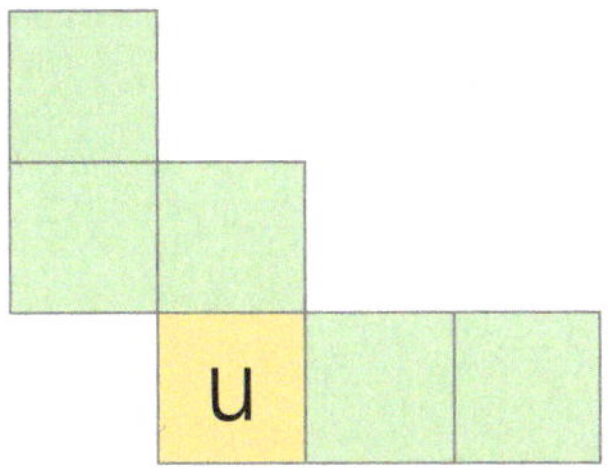

c) 

2 Zeichne die Baupläne der Gebäude in dein Heft.

a) 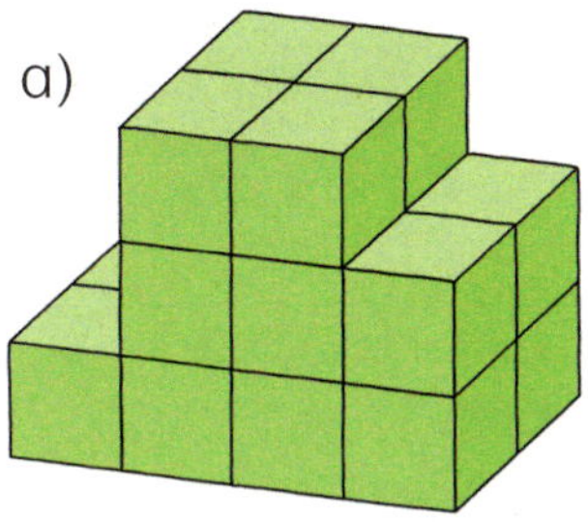

b) 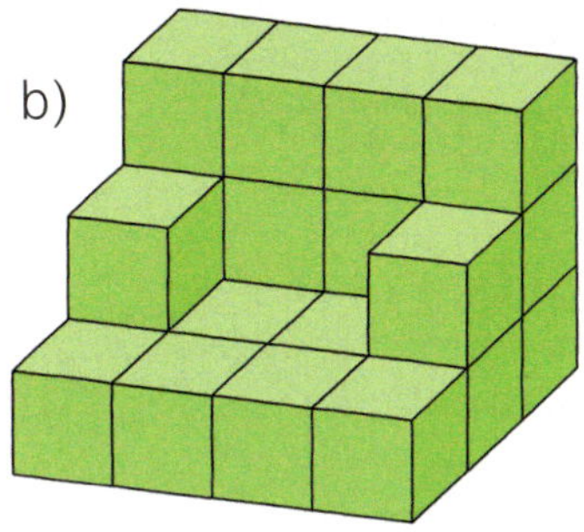

c) 

3 Q Rechne schriftlich.

a)
224 + 431 16
307 + 527 15
329 + 507 17
440 + 385 15
637 + 208 17

b)
835 − 120 13
782 − 444 14
827 − 590 12
908 − 734 12
600 − 328 11

c)
24,65 € + 32,26 € 21
38,33 € + 26,34 € 23
76,87 € − 32,12 € 20
85,09 € − 41,17 € 18
90,80 € − 41,23 € 25

4 Ergänze die fehlenden Ziffern.

a)
5 □ 4 + 3 7 □ = □ 9 9
2 8 5 + □ □ □ = 9 0 8
3 □ □ + □ 6 8 = 5 2 1
□ 3 8 + 3 □ 4 = 8 2 □

b)
6 8 □ − 3 □ 4 = □ 6 1
7 5 7 − □ □ □ = 4 6 8
9 □ 6 − 6 3 2 = □ 7 □
□ 6 2 − 2 □ 8 = 6 1 □

c) Erfinde eigene Klecksaufgaben für deinen Partner.

1

Meine Geheimschrift hat Symbole.

	|	—	||	=	+
⊂	A	B	C	D	E
⊃	F	G	H	I	J
∪	K	L	M	N	O
∩	P	Q	R	S	T
○	U	V	W	X Y	Z

Meine Geheimschrift benutzt Zahlen.

	1	2	3	4	5
1	A	B	C	D	E
2	F	G	H	I	J
3	K	L	M	N	O
4	P	Q	R	S	T
5	U	V	W	X Y	Z

a) Welche Wörter haben Hanna und Basti in Geheimschrift notiert?

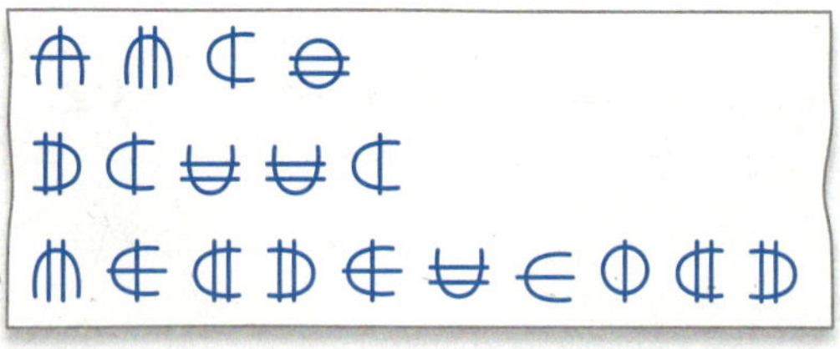

12 11 44 45 24 11 34
22 15 23 15 24 33
34 51 44 44 31 34 11 13 31 15 43

b) Wie lauten die Geheimbotschaften?

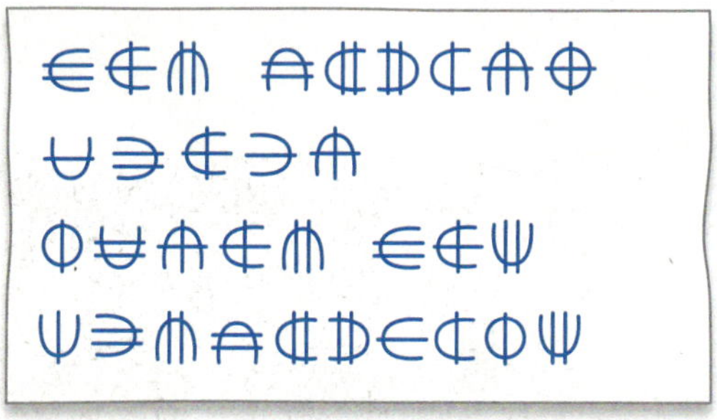

44 13 23 43 15 24 12 15 11 51 13 23
14 15 24 34 15 34 34 11 33 15 34 24 34
22 15 23 15 24 33 44 13 23 43 24 21 45

c) Schreibt eine Geheimbotschaft in der Geheimschrift von Hanna oder Basti.

d) Erfindet selbst eine Geheimschrift.

2

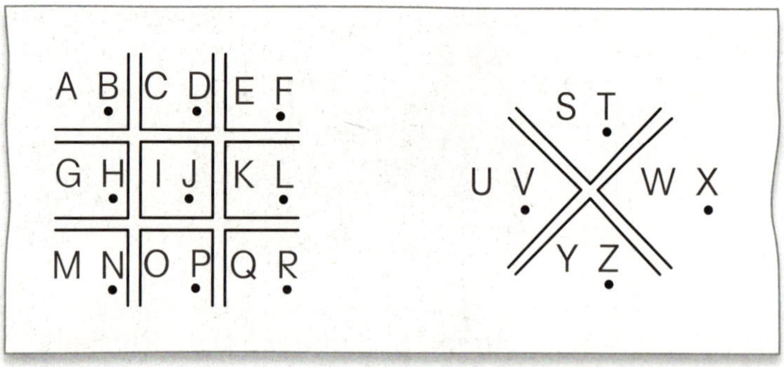

a) Welche Wörter hat Trax notiert?

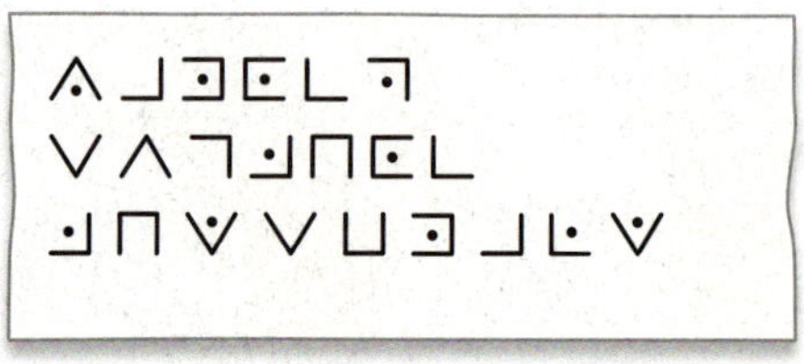

b) Kannst du die Botschaft knacken?

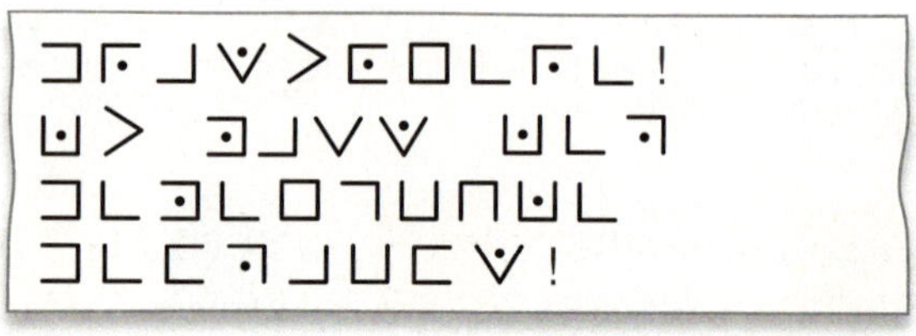

1 Löse die Zauberdreiecke durch Probieren. Verwende immer die Zahlen von 1 bis 9.

a)

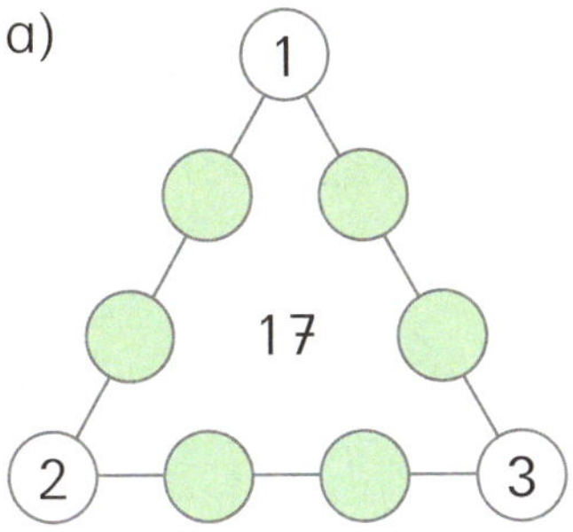

b)

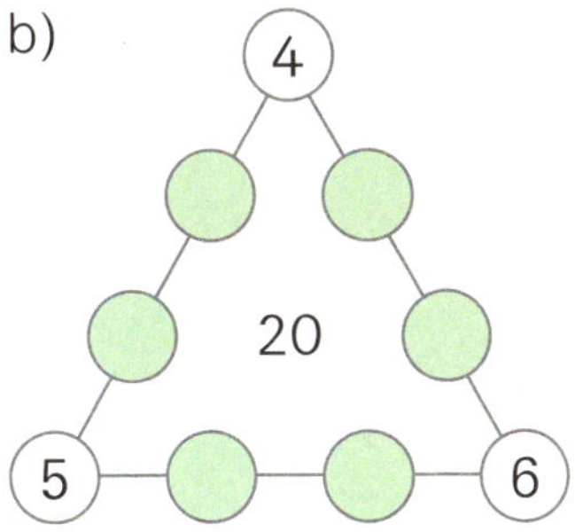

c)

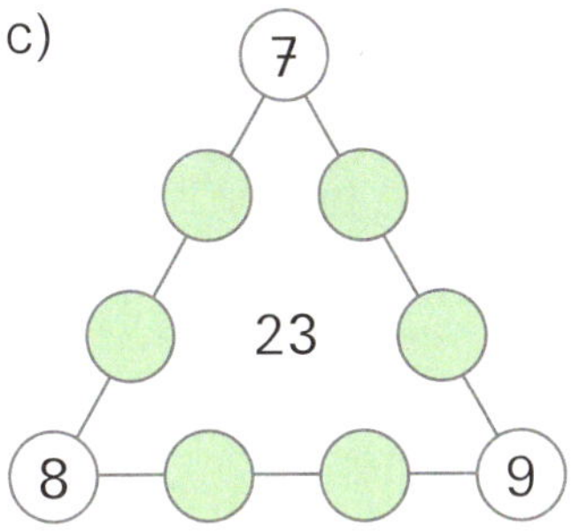

d)

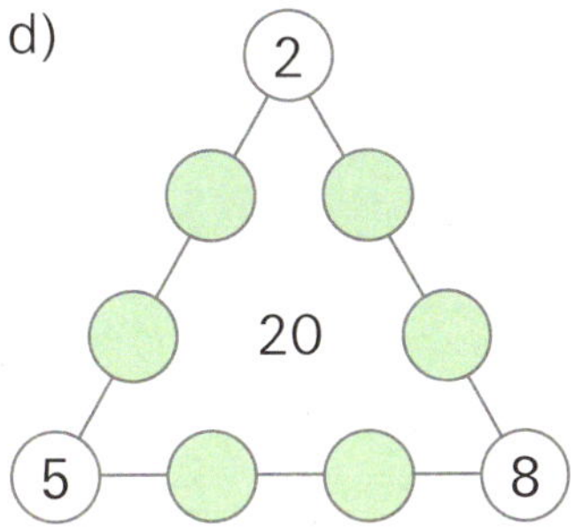

e)

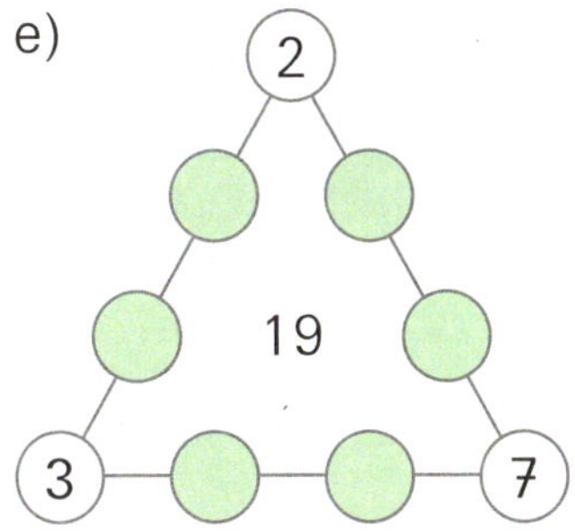

2 Das Bild „Die Melancholie" stammt von Albrecht Dürer aus Nürnberg. Entdeckst du das magische Quadrat? Es ist das berühmteste mit 16 Feldern. Seine Zauberzahl ist 34.

a) Zeichne das Zauberquadrat ab und löse es.

b) Addiere die Zahlen in den gleichfarbigen Quadraten.
16 + ▭ + ▭ + 10 = ▭

16		2	
	10		8
		7	12
4	15		

c) Versteckt sich auch hier die Zauberzahl?

16		2	
	10		8
		7	12
4	15		

d) Suche selbst weitere Muster. Beschreibe sie in deinem Lerntagebuch.

1 Jede Zahl von 1 bis 9 darf nur einmal verwendet werden. Lösungen gelten dann als verschieden, wenn Zahlen einer Dreiecksseite mit Zahlen einer anderen Dreiecksseite vertauscht wurden. Es genügt nicht, nur die beiden mittleren Zahlen einer Dreiecksseite zu vertauschen.

1

Christiane hat Formen ausgeschnitten und damit ein Bild gestaltet.

a) Benenne die blauen Formen. Wo entdeckst du sie im Klassenzimmer? Zeige.

b) Die anderen Formen sind etwas verdeckt. Welche Form können sie haben?

c) Gestalte selbst ein Bild mit bunten Formen in deinem Lerntagebuch.

2

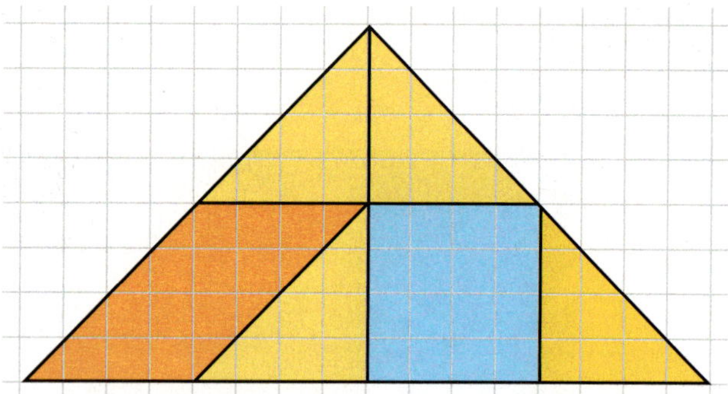

Zeichne das Dreieck auf kariertes Papier.
Zerschneide es.

Lege mit den 6 Teilen:

a) ein Rechteck

b) ein Quadrat

c) ein weiteres Viereck

d)

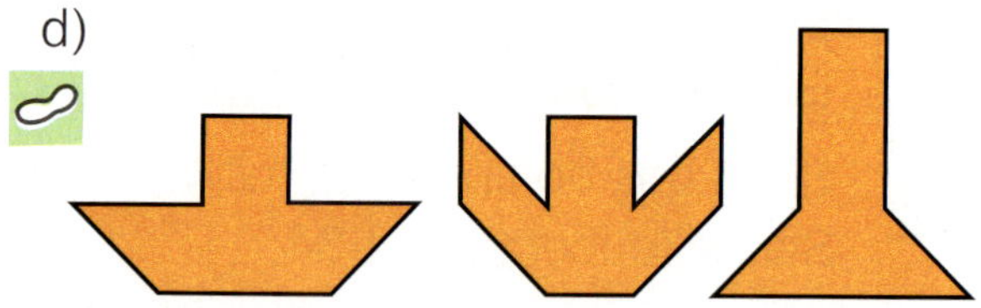

e) Erfinde auch eigene Figuren.
Zeichne sie auf.

3

Pia, Oliver und Carlo haben Figuren gezeichnet. Wie viele Formen entdeckst du?

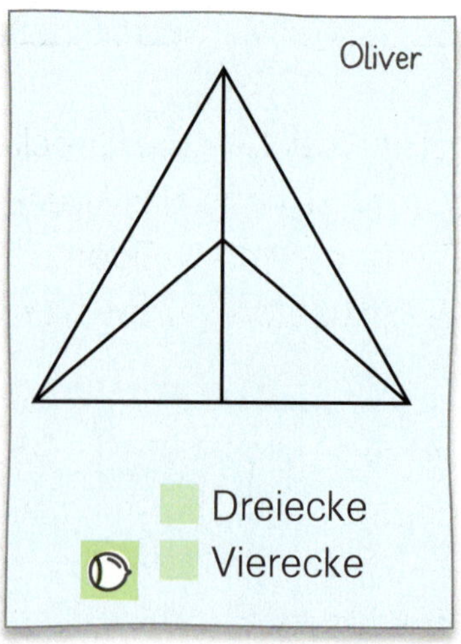

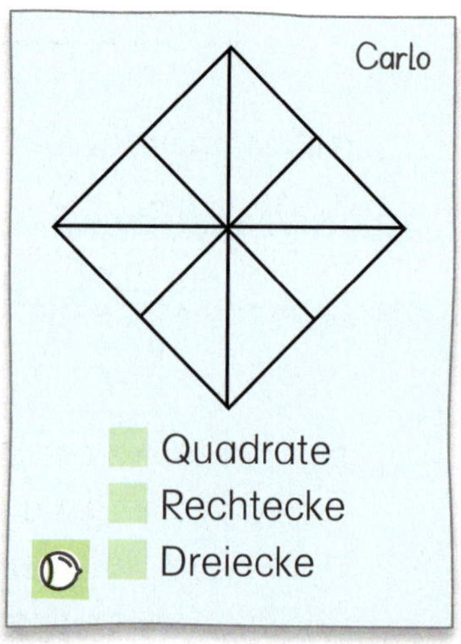

1

Vergrößern: Alle Strecken werden länger, zum Beispiel doppelt so lang.

Verkleinern: Alle Strecken werden kürzer, zum Beispiel halb so lang.

2

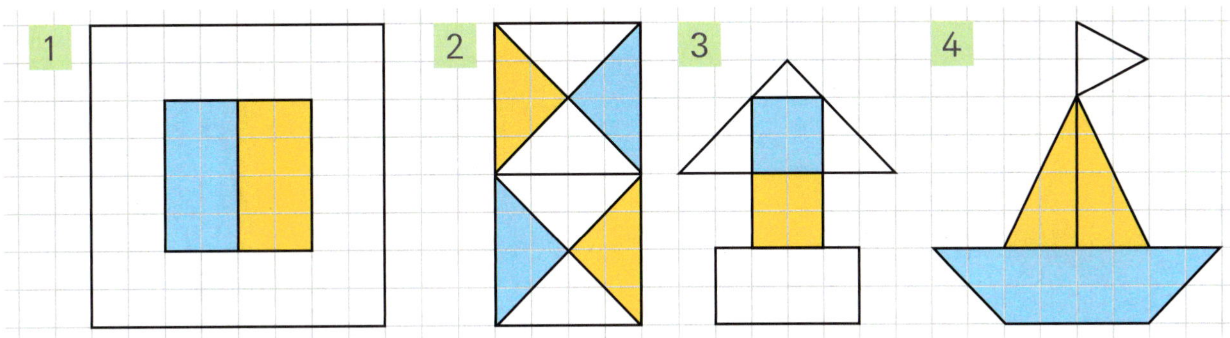

a) Vergrößere alle Figuren: Zeichne die Strecken doppelt so lang.
b) Verkleinere alle Figuren: Zeichne die Strecken nur halb so lang.
c) Stark vergrößern: Zeichne bei den Figuren 3 und 4 die Strecken viermal so lang.
d) Stark verkleinern: Zeichne die Figuren 1 und 2 so, dass sie nur 2 Kästchen hoch sind.

3

a) Vergrößere ein Quadrat. Wie viele kleine Quadrate brauchst du, um ein Quadrat zu legen, das doppelt (dreimal, viermal) so lange Seiten hat?

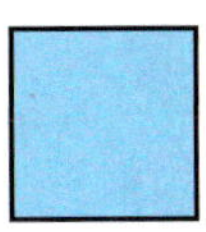

b) Vergrößere einen Würfel. Wie viele kleine Würfel brauchst du für einen Würfel, der doppelt (dreimal, viermal) so lange Kanten hat?

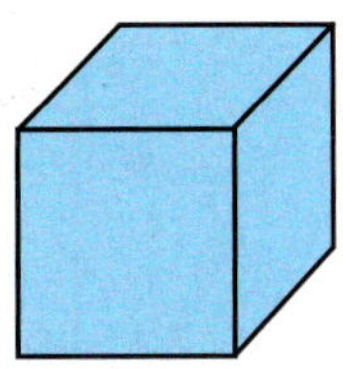

Parallele Geraden

1

a) Falte ein Blatt wie Jana und eine Serviette wie Peter.
b) Zeige im Klassenzimmer Gegenstände mit zueinander parallelen Kanten.
c) Zeichne eigene Muster mit zueinander parallelen Geraden auf ein weißes Blatt Papier.

2

Zeichne die Muster mit dem Geodreieck auf ein weißes Blatt.

a)

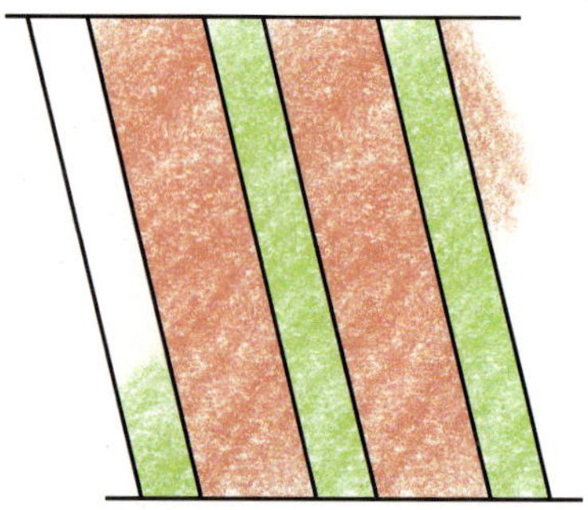

b)

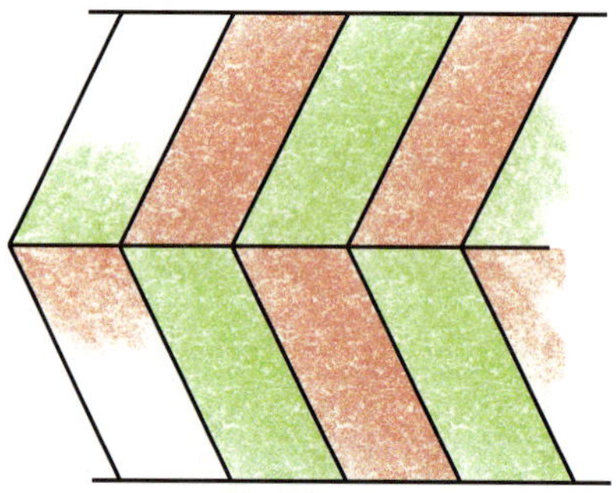

c)

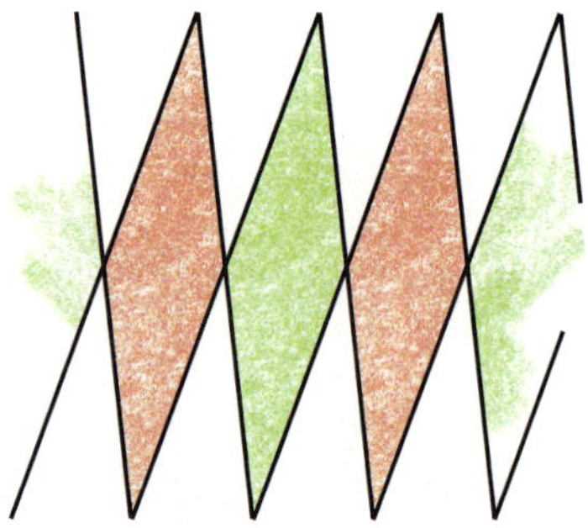

3

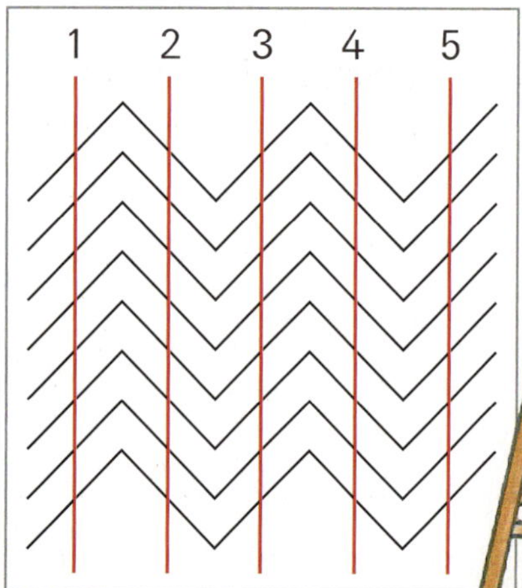

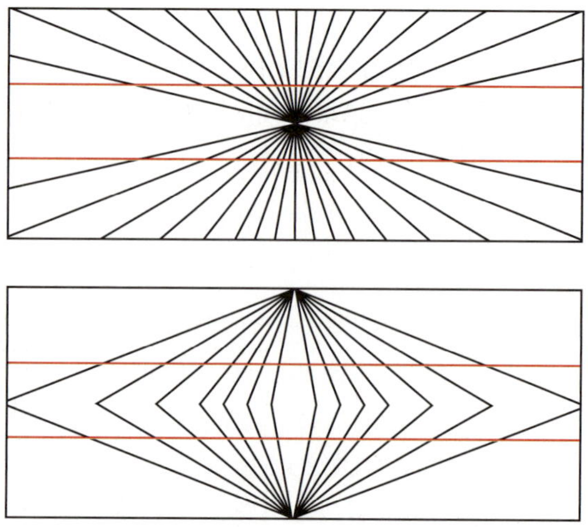

1 Die parallelen Hilfslinien des Geodreiecks zum Zeichnen von parallelen Geraden nutzen. **2** Auch eigene Muster entwickeln und zeichnen. **3** Optische Täuschungen mit dem Geodreieck untersuchen.

Senkrechte Geraden – rechter Winkel

1

2

Zeige im Klassenzimmer Kanten, die zueinander senkrecht sind. Prüfe mit dem Faltwinkel.

3

4

Beschreibe die Figuren. Welche haben rechte Winkel? Zeichne diese Figuren ab.

5

Zeichne das Muster mit dem Geodreieck und färbe es.

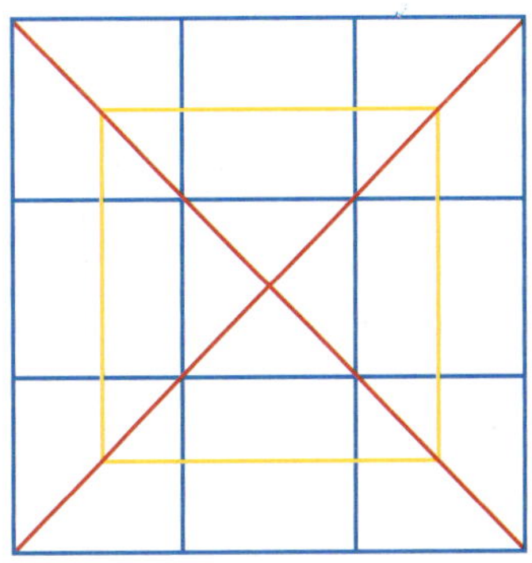

3 Die Mittellinie des Geodreiecks zum Zeichnen von senkrechten Geraden nutzen. **5** Auch eigene Muster entwickeln und zeichnen.

1

Luca wählt auf seinem Geobrett einen Ausschnitt mit 9 Nägeln.
Dort will er Dreiecke spannen.

a) Luca hat genau 8 verschiedene Dreiecke gefunden. Entdecke sie selbst und zeichne sie auf.

b) Welche der 8 Dreiecke haben einen rechten Winkel?

2

Franka wählt auf ihrem Geobrett auch einen Ausschnitt mit 9 Nägeln.
Dort will sie Vierecke spannen, bei denen die gegenüberliegenden Seiten zueinander parallel sind.
Wie viele solche Vierecke kann Franka spannen?

3

Tom und Mara wollen auch Vierecke spannen, bei denen die gegenüberliegenden Seiten zueinander parallel sind.

a) Wie viele solche Vierecke, die den roten Gummiring als eine Seite besitzen, kann Tom spannen?

b) Wie viele solche Vierecke mit dem blauen Ring als eine Seite kann Mara spannen?

Tom

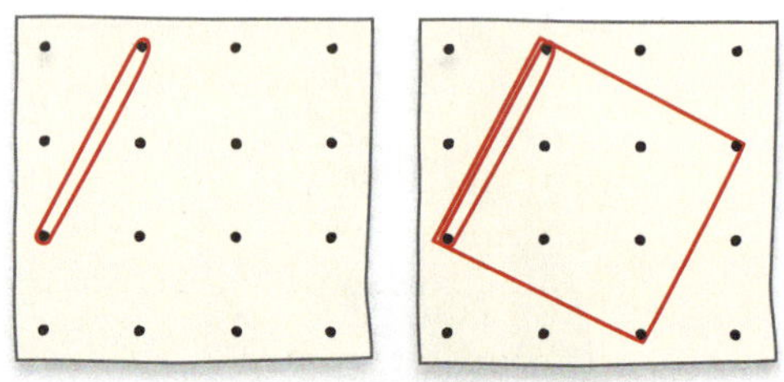

Mara

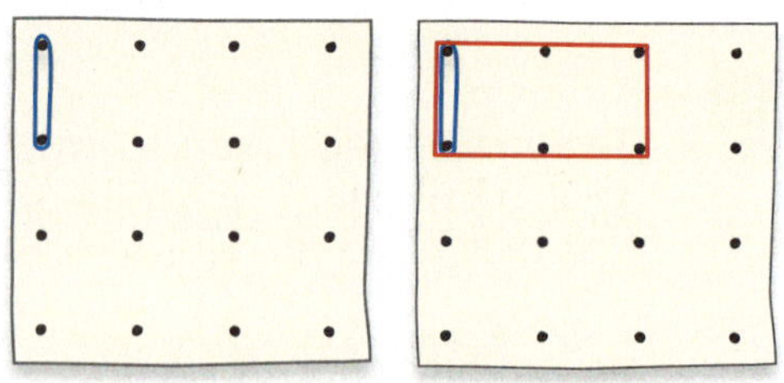

4

Erkan hat das Geobrett mit nur einem Gummiring halbiert.
Es gibt noch andere Lösungen. Welche findest du?
Notiere deine Lösungen immer auf Punktepapier.

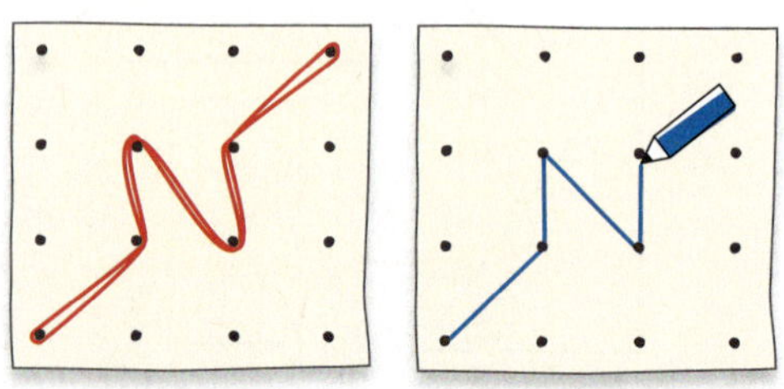

1

a) Beschreibt das Parkettmuster. Wie ist es entstanden?

b) Zeichnet das Parkettmuster auf Karopapier.

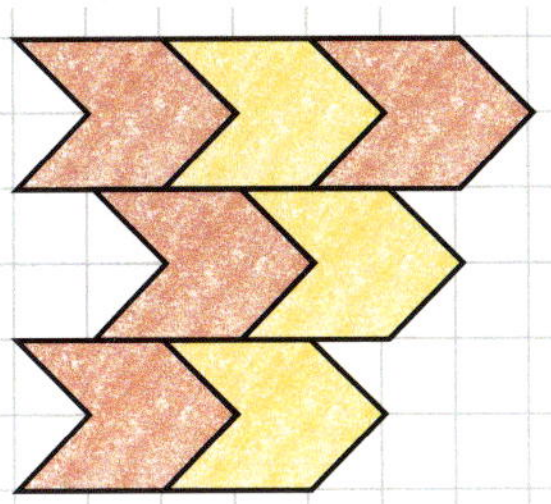

2

Tiago und Mia zeichnen weitere Parkettmuster.
Übertrage sie auf Karopapier und setze sie fort.

a)

b)

c)

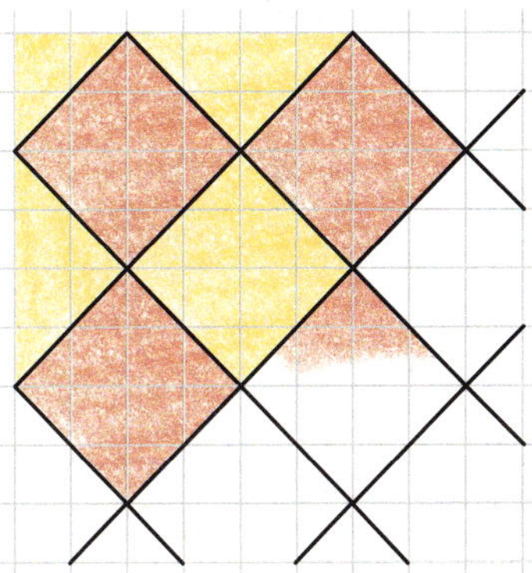

3

Tiago und Mia entdecken Parkettmuster auf Fußböden.
Übertrage sie auf Karopapier und setze sie fort.

a)

b)

c)

1

Peggy Garr, Four Squares with Lines
(4 Quadrate mit Linien)

Peggy Garr, Six Squares with Lines
(6 Quadrate mit Linien)

a) Wie viele Quadrate und Rechtecke hat Peggy Garr jeweils im Vordergrund gemalt?

b) Wie viele einzelne Quadrate und Rechtecke sind es jeweils im Hintergrund?

c) Wie viele zusammengesetzte Quadrate und Rechtecke kannst du jeweils im Hintergrund erkennen?

2

a) Zeichne wie Carlo: 2 Rechtecke im Vordergrund, 4 einzelne Rechtecke im Hintergrund.

b) Zeichne ein Bild mit 2 Rechtecken im Vordergrund und 3 einzelnen Rechtecken im Hintergrund.
Wie viele zusammengesetzte Rechtecke hat dein Bild?

c) Zeichne selbst ein Bild wie Peggy Garr.
Wie viele zusammengesetzte Rechtecke hat es?

Künstlerinformation:

Peggy Garr wurde 1951 in Bristol (Pennsylvania/USA) geboren. Bereits im Alter von 7 Jahren wurde ihr künstlerisches Talent deutlich. In der 4. Klasse durfte sie sogar ein Wandgemälde in ihrer Schule gestalten. Das Malen lernte sie von ihrem Vater, der auch Maler war.

1 Linkes Bild: Kleine und mittelgroße Quadrate sowie das zusammengesetzte Gesamtquadrat unterscheiden. Rechtes Bild: Die 6 Flächen im Hintergrund als teilweise verdeckte Rechtecke interpretieren. „Square" kann auch allgemein für „Viereck" stehen. **2** Die Rechtecke im Vordergrund können ausgeschnitten und aufgeklebt werden.

1

Trax, Sonnenscheinfrau

Trax, Rabe modern

a) Welche Formen hat Trax für seine Bilder benutzt?

b) Wie viele dieser Formen gibt es jeweils?

c) Welche Formen kannst du jeweils im Vordergrund erkennen?

d) Welche Formen kannst du jeweils im Hintergrund erkennen?

2

Gestalte selbst ein Bild wie Trax und Lisa:

1. Wähle als Motiv ein Gesicht, eine Person oder ein Tier.
2. Zeichne die dazu nötigen Formen mit Lineal oder mit Schablonen auf farbiges Papier.
3. Schneide die Formen aus.
4. Ordne sie auf einem weißen Hintergrund an und klebe sie auf.

Künstlerinformation:

Das genaue Geburtsjahr des Künstlers ist leider nicht bekannt. Allerdings weiß man, dass er irgendwo in Bayern geboren ist. „Sonnenscheinfrau" und „Rabe modern" gehören zu den frühen Werken des Künstlers. Momentan bereitet er eine Ausstellung seiner gesamten Werke vor.

1

Nehmt 4 verschiedene Dinge (Mäppchen, Hefte, Bücher ...) aus eurer Schultasche.

a) Ordnet die Dinge nach ihrem Gewicht. Schätzt zuerst.

b) Kontrolliert nun, ob ihr richtig geordnet habt.
Verwendet dazu eine Kleiderbügelwaage.

c) Vergleicht auch das Gewicht eurer Schultaschen.
Benutzt dazu eine Tafelwaage.
Wer hat die leichteste, wer die schwerste Tasche?

2

Bestimme das Gewicht von Gegenständen mit Steckwürfeln.

a) Schätze zuerst, wie viele Steckwürfel du brauchst. Begründe.

b) Bestimme die Anzahl durch Wiegen. Notiere.

	Steckwürfel	
	geschätzt	gewogen
Schere		
Radiergummi		
Buntstift		

3

Lisa hat mit kleinen Büroklammern das Gewicht von Gegenständen bestimmt.
Franz hat dazu große Büroklammern verwendet.
Ordne die Wiegeergebnisse zu und begründe.

	Lisa	Franz
Bleistift		
Füller		
Heft		

3 Klammern | 80 Klammern | 38 Klammern | 19 Klammern | 6 Klammern | 160 Klammern

3 Die großen Klammern sind etwa doppelt so schwer wie die kleinen.

1

Für die Tafelwaage gibt es einen solchen Gewichtssatz.

a) Welche Gewichte enthält der Gewichtssatz? Schreibe auf.

b) Wie viel Gramm ergeben alle Gewichte zusammen?

c) Nimm Dinge aus deiner Schultasche und wiege sie mit der Tafelwaage.

d) Warum gibt es manche Gewichte doppelt?

Leichte Dinge misst man in **Gramm (g)**.

1 g | 10 g | 100 g

2

a) Bestimme das Gewicht.

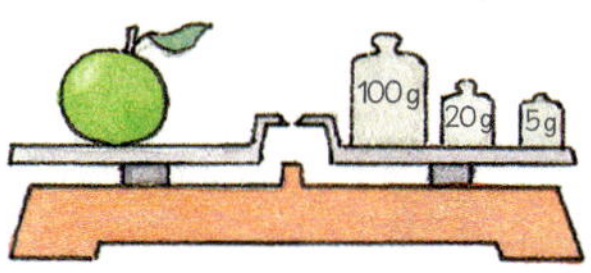

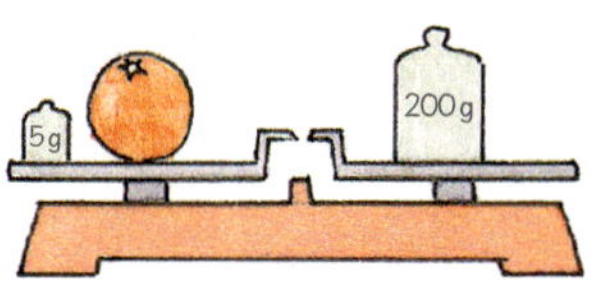

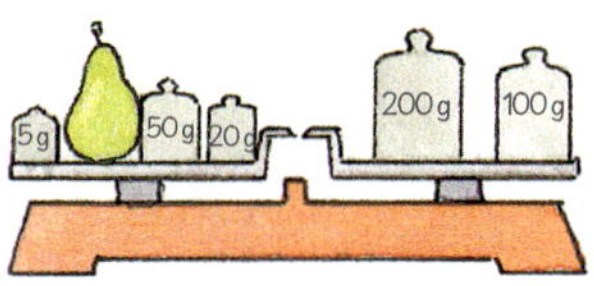

b) Mit welchen anderen Gewichten könntest du die Früchte auch wiegen?

3

Was passt zusammen?

10 g

3 g | 95 g

750 g | 400 g

4

a) Ordne zu: Briefwaage, Personenwaage, Küchenwaage, Babywaage, Kaufmannswaage.

1 

2 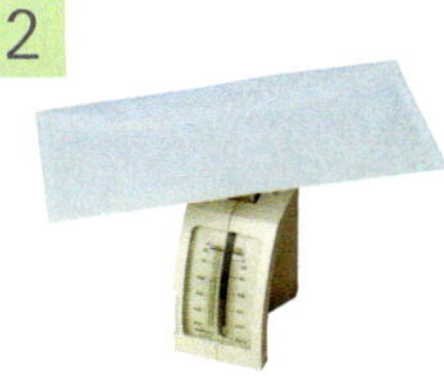

3 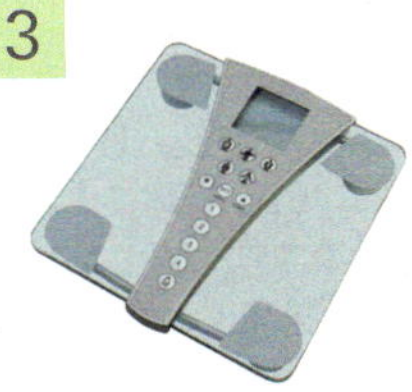

4 

5 

b) Kennst du noch andere Waagen?

1 Gewichtsangaben der Repräsentanten sind Näherungswerte.

1

1 Kilogramm = 1000 Gramm
1 kg = 1000 g

1 kg | ca. 10 kg | ca. 100 kg

Kennst du Dinge, die etwa 1 kg schwer sind?

2

Wie schwer war der Einkauf?

3

Setze >, < oder = ein.

a) 350 kg ● 305 g
100 g ● 1 kg
257 g ● 275 g
1000 g ● 1 kg

b) 903 g ● 309 kg
909 kg ● 990 g
999 g ● 1 kg
1 kg ● 1001 g

4

Was passt zusammen?

volle Gießkanne	200 kg
Auto	30 kg
Drittklässler	85 kg
Löwe	10 kg
Erwachsener	1000 kg

5

Sören kauft ein. Was kann er zusammen in eine Tüte packen?
Überlege verschiedene Möglichkeiten.

1 Gewichtsangaben der Repräsentanten sind Näherungswerte.

48 — : 8 → ☐ — · 4 → ☐ — : 8 → ☐ — · 5 → ☐ — : 3 → 5

48 | : 6 ↓ ☐ | : 4 ↓ ☐ | · 9 ↓ ☐ | : 3 ↓ ☐ | · 6 ↓ ☐ | : 4 ↓ ☐ | · 1 ↓ ☐ | · 7 ↓ 63

5 | · 8 ↓ ☐ | : 4 ↓ ☐ | · 3 ↓ ☐ | : 5 ↓ ☐ | · 6 ↓ ☐ | : 9 ↓ ☐ | · 10 ↓ ☐ | : 4 ↓ 10

1 Zeichne die Muster mit parallelen und senkrechten Geraden mit dem Geodreieck auf ein weißes Blatt.

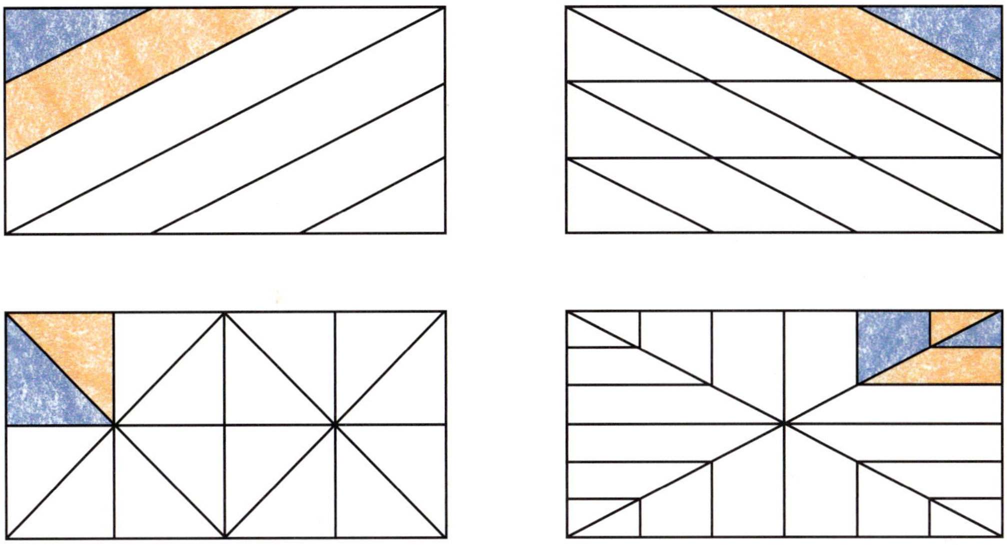

2

a) Stelle das Gewicht fest.

b) Bringe die Waagen ins Gleichgewicht. Welche Gewichte aus dem Gewichtssatz fehlen jeweils?

3

Ergänze zur nächstgrößeren Einheit.

9 0 0 g + ☐ g = 1 kg

a)	b)	c)	d)	e)
900 g	50 g	2 mm	20 cm	981 m
800 g	350 g	48 mm	43 cm	528 m
700 g	650 g	391 mm	460 cm	73 m
600 g	950 g	744 mm	772 cm	6 m

63 — : 7 → ☐ — · 4 → ☐ — : 6 → ☐ — · 5 → ☐ — : 3 → 10

Reflexion: Kinder sollen über ihren Lernstand sprechen.

1

das Doppelte von 4	das 5-Fache von 4	das 6-Fache von 4

ist 8	ist ___	ist ___
2 · 4 = 8	5 · 4 = ___	6 · 4 = ___

2

Felix und Nadine haben gewürfelt und daraus Aufgaben zusammengesetzt:

das 10-Fache von 3

1 0 · 3 = ___

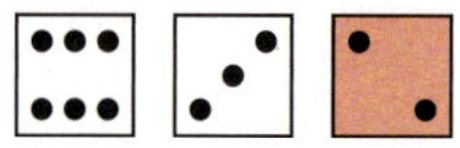

das 9-Fache von 2

9 · 2 = ___

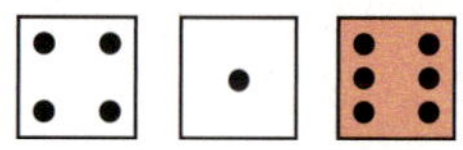

das ___-Fache von ___

___ · ___ = ___

Würfle selbst und rechne viele Aufgaben.

3

a) Tine und Ron haben 20 Würfel. Sie bauen gleich hohe Türme.
Kein Würfel darf übrig bleiben. Es gibt mehrere Möglichkeiten.

20 : 1 = 20
20 : 2 = 10
~~20 : 3~~
20 : 4 = ___

b) Welche gleich hohen Türme könnt ihr aus 12 (16, 18, 24) Würfeln bauen?
Schreibt die Teiler der Zahlen auf.

4

a) Schreibe die Teiler jeder Zahl auf.

8	17	3	28	42
21	30	15	23	38

Eine **Primzahl** kann man nur durch 1 und sich selbst teilen.
Welche dieser Zahlen sind Primzahlen?
Finde weitere.

b) Ordne die Zahlen nach der Anzahl ihrer Teiler.

1

2

a) Multipliziere mit 10.

2	4	40	41	99
36	57	70	71	100

b) Dividiere durch 10.

200	500	490	760
620	910	840	990

3

a) Multipliziere mit 100.

2	4	9	1	5
6	7	8	3	10

b) Dividiere durch 100.

200	500	600	700
100	400	800	1000

4

A Beim Malnehmen mit 10

B Beim Teilen durch 1

C Beim Malnehmen mit 100

D Beim Teilen durch 10

1 steht an der Einerstelle eine Null.

2 werden aus Zehnern Einer.

3 bleibt die Zahl gleich.

4 stehen an der Einerstelle und an der Zehnerstelle Nullen.

5

a) Bezahle nur mit 10-€-Scheinen. Wie viele Scheine werden jeweils benötigt?

60 €	95 €	320 €
170 €	410 €	500 €
181 €	264 €	358 €

b) Wie viel Geld bekommst du jeweils zurück?

6

Beim Minigolf bezahlen Erwachsene 4 Euro, Kinder die Hälfte.

a) In der letzten Woche wurden 100 Karten für Erwachsene verkauft, für Kinder doppelt so viele. Wie hoch waren die Einnahmen?

b) Wie viele Erwachsenenkarten müssen verkauft werden, um dafür 1000 € einzunehmen?

1

2

a)	b)	c)	d)
3 · 70	6 · 30	90 · 9	60 · 3
4 · 70	6 · 80	20 · 0	90 · 8
7 · 70	6 · 40	80 · 5	30 · 4
9 · 70	6 · 60	70 · 10	70 · 6

3

a)	b)	c)	d)	e)	f)
3 · 8	9 · 7	0 · 80	0 · 40	1 · 90	5 · 50
30 · 8	9 · 70	1 · 80	2 · 40	9 · 10	
4 · 8	8 · 7	2 · 80	4 · 40		
40 · 8	8 · 70	3 · ☐	6 · ☐		

4

Halbiere und verdopple.

2 · 60 = ☐
↑
4 · 60 = 240
↓
8 · 60 = ☐

a)	4 · 70	4 · 20	2 · 30	2 · 50
b)	4 · 60	2 · 90	20 · 2	40 · 4
c)	6 · 80	8 · 40	30 · 8	5 · 50

5

a) Blau: 20, 30, 40, 70, 90 — Gelb: 2, 4, 6, 8, 9 — Grün: 80, 120, 180, 240, 360, 420

12 Aufgaben

☐ · ☐ = ☐

b) Blau: 2, 3, 4, 6, 7 — Gelb: 30, 40, 60, 70, ☐ — Grün: 90, 160, 180, 210, 240, 320

mindestens 8 Aufgaben

☐ · ☐ = ☐

1

2

a)	b)	c)	d)	e)
160 : 40	150 : 30	160 : 20	280 : 70	990 : 90
120 : 40	150 : 50	320 : 40	280 : 40	660 : 60
240 : 40	540 : 60	640 : 80	560 : 80	120 : 10
360 : 40	540 : 90	180 : 30	560 : 70	600 : 50

3

a)	b)	c)	d)	e)
700 : 70	18 : 9	420 : 70	400 : 80	300 : 50
70 : 7	180 : 90	42 : 7	40 : 8	
630 : 70	27 : 9	360 : 60		
63 : 7	270 : 90	36 : 6		

4

Beschreibe und setze fort.

a) 300, 270, 240, …, 0

900, 810, 720, …, 0

600, 540, 480, …, 0

b) 800, 0, 720, 40, 640, 80, …, 240

500, 0, 450, 90, 400, 180, …, 540

700, 720, 630, 650, 560, 580, …, 300

Erfinde selbst Zahlenfolgen.

5

a) 150, 200, 270, 480, 540, 640 | 30, 40, 50, 60, 80 | 3, 5, 6, 8, 9

8 Aufgaben

▢ : ▢ = ▢

b) 60, 140, 280, 350, 560, 810 | 2, 4, 5, 7 | 30, 50, 70, 80, 90

mindestens 6 Aufgaben

▢ : ▢ = ▢

1

2 Wie rechnest du?

a) 4 · 13 7
6 · 12 9
5 · 14 7
3 · 16 12
8 · 14 4

b) 3 · 19 12
5 · 17 13
7 · 14 17
8 · 12 15
9 · 13 9

c) 15 · 8 3
17 · 9 9
13 · 8 5
16 · 9 9
19 · 6 6

d) 15 · 4 6
17 · 7 11
13 · 6 15
19 · 9 9
13 · 7 10

3 Kannst du die Aufgaben im Kopf rechnen?

a) 5 · 13
5 · 10
5 · 3

2 · 17
2 · 10
2 · 7

b) 6 · 14
6 · 10
6 · 4

8 · 16
8 · 10
8 · 6

c) 9 · 15
9 · 10
9 · 5

4 · 18
4 · 10
4 · 8

d) 3 · 17
3 · 10
3 · 7

7 · 12
7 · 10
7 · 2

e) 10 · 19
10 · 10
10 · 9

9 · 18
9 · 10
9 · 8

4 Das Tierheim kauft für die Katzen:

Trockenfutter
Anzahl: 8 Säcke
Einzelpreis: 15 €

Futternäpfe
Anzahl: 14 Stück
Einzelpreis: 7 €

Pflegeset
Anzahl: 3 Stück
Einzelpreis: 17 €

Halsbänder
Anzahl: 15 Stück
Einzelpreis: 9 €

Katzenstreu
Anzahl: 13 Säcke
Einzelpreis: 8 €

a) Berechne die Gesamtkosten. Prüfe mit dem Überschlag.

b) Die Preise für die gekauften Gegenstände sind gerundet.
Jeder Artikel kostete 2 Cent weniger.

1 Rechenkonferenz möglich.

1

2

Wie rechnest du?

a)	b)	c)	d)	e)
7 · 36 9	5 · 47 10	82 · 6 15	29 · 7 5	105 · 5 12
5 · 62 4	8 · 32 13	68 · 7 17	79 · 6 15	110 · 9 18
4 · 77 11	4 · 76 7	85 · 6 6	59 · 9 9	150 · 6 9
6 · 78 18	6 · 58 15	36 · 9 9	49 · 8 14	225 · 4 9
4 · 42 15	9 · 83 18	57 · 8 15	69 · 7 15	250 · 3 12

3

Finde Rechenfehler. Bei manchen Aufgaben reicht der Überschlag.

47 · 9 = 423
40 · 9 = 360
7 · 9 = 63

a) 47 · 9 = 323
40 · 9 = 360
7 · 9 = 63

b) 28 · 4 = 114
20 · 4 = 80
8 · 4 = 34

c) 5 · 63 = 45
5 · 60 = 30
5 · 3 = 15

d) 54 · 6 = 540
50 · 6 = 300
4 · 6 = 24

e) 3 · 92 = 87
3 · 20 = 60
3 · 9 = 27

f) 7 · 55 = 375
7 · 50 = 350
7 · 5 = 25

4

Familie Schubert möchte dem Tierheim Sachspenden in Höhe von 500 € übergeben. Sie haben folgende Gegenstände ausgewählt.

82 €

36 €

69 €

27 €

Schreibe verschiedene Möglichkeiten auf, was Familie Schubert für 500 € kaufen könnte. Es soll möglichst wenig Geld übrig bleiben.

1 Selbstgesteuertes Lernen: eigene Strategien entwickeln und im Rahmen einer Rechenkonferenz besprechen. Die Strategien im Buch dienen als Anregung.

1

2

Wie rechnest du?

a)		b)		c)		d)		e)	
64 : 4	7	84 : 3	10	39 : 3	4	98 : 7	5	120 : 6	2
51 : 3	8	78 : 6	4	60 : 3	2	99 : 9	2	270 : 3	9
65 : 5	4	96 : 6	7	72 : 3	6	85 : 5	8	100 : 2	5
96 : 4	6	58 : 2	11	66 : 6	2	72 : 4	9	200 : 4	5
91 : 7	4	98 : 2	13	90 : 6	6	96 : 8	3	810 : 9	9

3

Immer drei Aufgaben haben das gleiche Ergebnis.

69 : 3	63 : 3	96 : 8	90 : 6	75 : 5	38 : 2
84 : 7	90 : 5	57 : 3	54 : 3	72 : 4	92 : 4
42 : 2	72 : 6	60 : 4	76 : 4	84 : 4	46 : 2

4

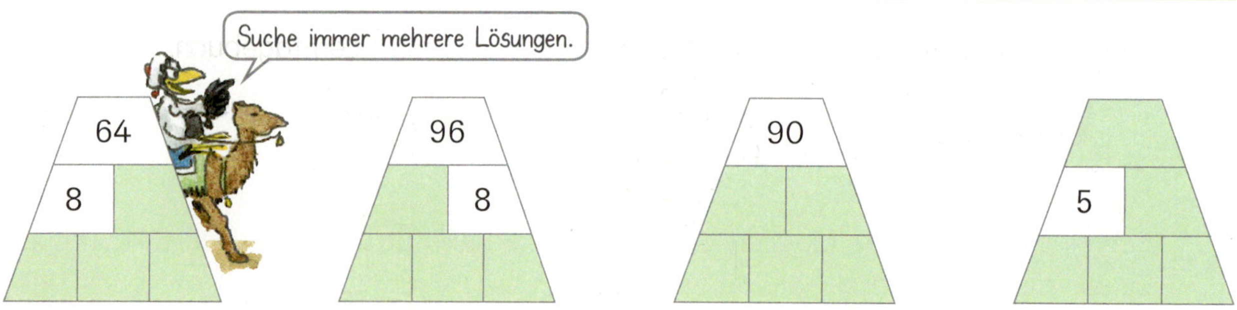

1 Selbstgesteuertes Lernen: eigene Strategien entwickeln und im Rahmen einer Rechenkonferenz besprechen. Die Strategien im Buch dienen als Anregung.

1

2 Wie rechnest du?

a)		b)		c)		d)		e)	
130 : 5	8	328 : 8	5	511 : 7	10	245 : 5	13	888 : 8	3
285 : 5	12	344 : 8	7	648 : 9	9	213 : 3	8	906 : 6	7
375 : 5	12	392 : 8	13	312 : 6	7	459 : 9	6	644 : 4	8
470 : 5	13	328 : 4	10	148 : 2	11	396 : 4	18	398 : 2	19
485 : 5	16	344 : 4	14	252 : 3	12	483 : 7	15	847 : 7	4

3 Schaffst du es im Kopf?

a)	b)	c)	d)	e)
450 : 5	630 : 7	720 : 8	546 : 6	819 : 9
400 : 5	560 : 7	640 : 8	486 : 6	738 : 9
350 : 5	490 : 7	560 : 8	426 : 6	657 : 9
300 : 5	420 : 7	480 : 8	366 : 6	576 : 9

4 Triff die 360. Notiere immer mehrere Lösungen in deinem Lerntagebuch.

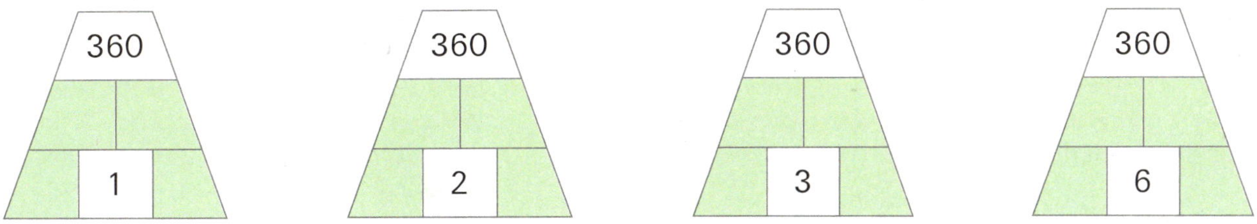

1 Selbstgesteuertes Lernen: eigene Strategien entwickeln und im Rahmen einer Rechenkonferenz besprechen. Die Strategien im Buch dienen als Anregung.

Halbschriftlich dividieren mit Rest

1 Für die Sommerferien haben sich 74 Kinder im Zeltlager angemeldet.

a) In einem Ruderboot haben 6 Kinder Platz.

b) In einer Fußballmannschaft spielen immer 7 Kinder.

c) Beim Essen passen immer 8 Kinder an einen Tisch.

d) In jeder Wandergruppe sind 15 Kinder.

2

a)	b)	c)	d)	e)
74 : 3	82 : 7	54 : 3	221 : 3	159 : 7
65 : 3	76 : 6	54 : 2	419 : 5	159 : 6
49 : 4	98 : 9	98 : 8	315 : 4	659 : 8
59 : 4	72 : 6	98 : 7	377 : 6	659 : 9
63 : 5	84 : 5	77 : 6	259 : 5	359 : 6

3

a)	b)	c)	d)
66 : 3	90 : 5	88 : 2	197 : 7
67 : 3	92 : 5	88 : 3	198 : 6
68 : 3	94 : 5	88 : 4	199 : 5
69 : 3	96 : 5	88 : 5	200 : 4

e) 500 : 9

f) 111 : 9

4

a) Wie oft kannst du die Zahl 972 ohne Rest durch 3 teilen? Welcher Rest bleibt übrig?

b) Welche der folgenden Zahlen sind Vielfache von 8: 216, 371, 507, 576, 762?

c) Welche der folgenden Zahlen ist kein Teiler von 444: 1, 2, 3, 4, 6, 8, 111, 222?

d) Suche zweistellige Zahlen, die beim Teilen durch 5 den Rest 3 haben.

e) Suche dreistellige Zahlen, die beim Teilen durch 3 den Rest 2 haben.

f) Suche dreistellige Zahlen, die beim Teilen durch 8 den Rest 1 (2, 5) haben.

g) Wie heißt die kleinste dreistellige Zahl, die beim Teilen durch 4 den Rest 1 hat?

h) Wie heißt die größte dreistellige Zahl, die beim Teilen durch 6 den Rest 3 hat?

1

3 · 0,89 € = ☐ €

3 · 80 ct = 240 ct
3 · 9 ct = 27 ct

4 · 2,34 € = ☐ €

4 · 2 € = 8 €
4 · 30 ct = 120 ct
4 · 4 ct = 16 ct

2

Kontrolliere deine Ergebnisse mit dem Überschlag.

a) 8 · 0,51 €
3 · 0,33 €
5 · 0,85 €
4 · 0,64 €

b) 9 · 0,77 €
6 · 0,24 €
7 · 0,81 €
4 · 0,36 €

c) 4 · 1,76 €
5 · 5,21 €
7 · 2,87 €
3 · 3,65 €

d) 9 · 3,08 €
8 · 2,09 €
6 · 4,01 €
7 · 5,05 €

3

3,70 € : 5 = ☐ €

350 ct : 5 = 70 ct
20 ct : 5 = 4 ct

5,00 € : 4 = ☐ €

4 € : 4 = 1 €
80 ct : 4 = 20 ct
20 ct : 4 = 5 ct

4

Kontrolliere deine Ergebnisse mit dem Überschlag.

a) 3,40 € : 4
4,70 € : 5
5,10 € : 6
5,20 € : 8

b) 5,64 € : 6
6,56 € : 8
3,44 € : 4
3,92 € : 7

c) 6,30 € : 6
5,20 € : 5
7,70 € : 7
4,20 € : 3

d) 7,65 € : 5
8,88 € : 6
9,84 € : 8
9,18 € : 9

1, 3 Rechenkonferenz möglich.

1

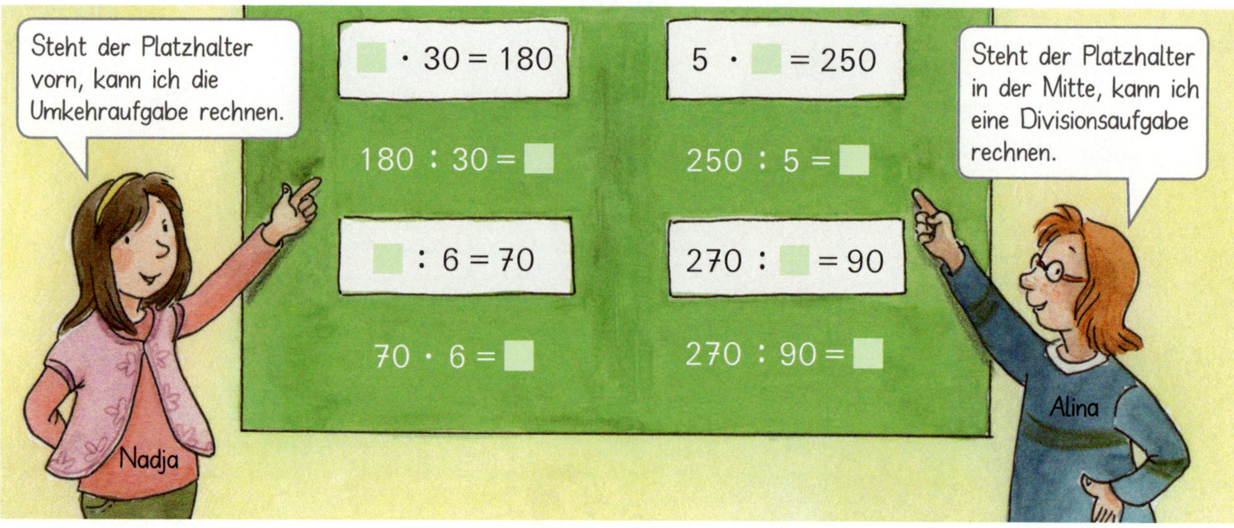

2

Wie rechnest du?

a)	b)	c)	d)
20 · □ = 180	□ · 30 = 210	60 · □ = 240	□ · 40 = 120
60 · □ = 300	□ · 80 = 720	80 · □ = 560	□ · 20 = 180
4 · □ = 320	□ · 2 = 80	5 · □ = 250	□ · 7 = 420
7 · □ = 630	□ · 9 = 810	7 · □ = 630	□ · 6 = 480

e)	f)	g)	h)
400 : □ = 50	□ : 30 = 4	210 : □ = 30	□ : 30 = 9
1000 : □ = 100	□ : 60 = 9	490 : □ = 70	□ : 50 = 4
640 : □ = 8	□ : 8 = 70	280 : □ = 4	□ : 9 = 90
160 : □ = 4	□ : 7 = 50	350 : □ = 5	□ : 2 = 30

3

Welche Zahlenkarten passen?

30 · □ < 92

30 · 0 < 92
30 · 1 < 92
30 · □ < 92

2 3 4
5 6 7
8 9

a)
30 · □ < 92
60 · □ < 130

90 · □ < 480
40 · □ < 79

70 · □ < 550
80 · □ < 79

b)
70 · □ < 60 · 3
□ · 80 < 5 · 90

50 · 6 < □ · 70
2 · 30 < □ · 40

90 · □ < 40 · 2
□ · 60 < 7 · 80

4

a) Welche Zahl musst du mit 80 malnehmen, damit du 720 erhältst?

b) Welche Zahl musst du mit 3 malnehmen, damit du 240 erhältst?

c) Welche Zahl musst du durch 50 teilen, damit du 9 erhältst?

d) Welche Zahl musst du durch 6 teilen, damit du 40 erhältst?

e) Welche Zahlen von 0 bis 9 kannst du mit 40 malnehmen, damit das Ergebnis kleiner ist als 312?

f) Welche Zahlen von 0 bis 9 kannst du mit 70 malnehmen, damit das Ergebnis größer ist als 282?

360 — : 60 → ☐ — · 50 → ☐ — : 3 → ☐ — · 4 → ☐ — : 80 → 5

5 → · 40 → ☐ → : 20 → ☐ → · 30 → ☐ → : 6 → ☐ → · 8 → ☐ → : 40 → ☐ → : 2 → ☐ → · 20 → 100

360 → : 9 → ☐ → : 2 → ☐ → · 9 → ☐ → : 60 → ☐ → · 80 → ☐ → : 4 → ☐ → : 20 → ☐ → · 70 → 210

210 — : 30 → ☐ — · 50 → ☐ — : 70 → ☐ — · 60 → ☐ — : 3 → 100

1 Q

a)

27 · 3 9	5 · 29 10	56 · 8 16	9 · 35 9
48 · 5 6	7 · 74 14	19 · 6 6	4 · 62 14
32 · 4 11	2 · 86 10	61 · 9 18	3 · 91 12
64 · 2 11	8 · 35 10	43 · 7 4	6 · 87 9

b)

72 : 3 6	58 : 2 11	318 : 6 8	651 : 7 12
90 : 5 9	78 : 6 4	246 : 3 10	585 : 9 11
96 : 4 6	84 : 7 3	296 : 8 10	345 : 5 15
96 : 8 3	56 : 4 5	408 : 6 14	144 : 8 9

2

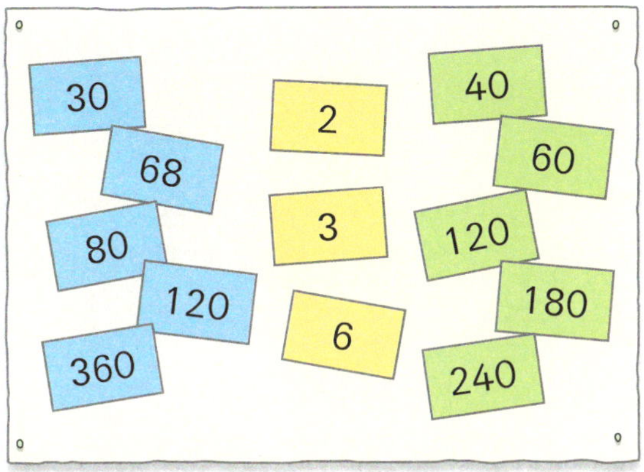

a) ☐ · ☐ = ☐

b) ☐ : ☐ = ☐

c) ☐ · ☐ < ☐

d) ☐ : ☐ > ☐

Man kann 4 Divisionsaufgaben bilden, die beim Teilen einen Rest haben. Wie lauten die Ergebnisse?

3

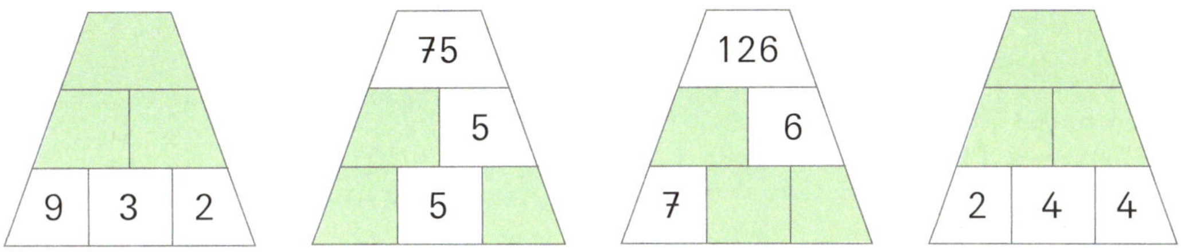

4

Würfelt mit 4 Würfeln. Bildet verschiedene Divisionsaufgaben und rechnet.

Reflexion: Kinder sollen über ihren Lernstand sprechen.

1 Q

a) Karla und Tim kaufen 2 Packungen Nüsse, einen Saft und 3 Brezeln. Wie viel müssen sie bezahlen? 14

b) Jenny kauft für ihre Familie: 1 Wurstbrötchen, 2 Steaks, 3 Brezeln und 2 Käsestangen. 3

c) Tanja kauft eine Waffel, eine Limo und einen blauen Luftballon. Sie hat 5 € dabei. Wie viel muss sie bezahlen? 11

a) L: 1,60 €
+ 1,60 €
+ 1,50 €
+ 2,10 €
______ €

A: Karla und ...

d) Emre und Ulrich haben zusammen 3 Packungen Popcorn und 1 Packung Nüsse gekauft. Sie teilen gerecht. Wie viel muss jeder bezahlen? 5

e) Die Schule hat 50 kleine und 60 große bedruckte T-Shirts vom Förderverein bekommen. Alle T-Shirts wurden verkauft. 14

2

Die Kinder an den Ständen haben Preistabellen für ihre Waren. So können sie beim Verkauf schneller den Gesamtpreis angeben. Lege für „Süßes" und „Essen" eine Tabelle an.

Süßes	1	2	3
Waffeln	0,90 €		
Popcorn	1,00 €		

3

Schreibe selbst Aufgabentexte.
Lass sie von deinen Mitschülern lösen.

Yunus
1 blauer Ballon
1 Popcorn

Ludwig
4 €

Mia
2,60 €
+ 2,40 €

Jana
3 Brezeln
1 Limo

1 Tom schließt sein Fahrrad mit einem Zahlenschloss ab. Das Schloss hat 3 Ringe, mit denen jeweils die Zahlen 1 bis 5 eingestellt werden können. Leider hat Tom die richtige Zahlenkombination vergessen.

a) Er weiß noch, dass die erste Zahl eine **1** ist. Schreibe alle möglichen Kombinationen auf, die eingestellt werden können.

b) Wie viele Kombinationen gibt es, wenn die erste Zahl eine **1** ist und wenn nur ungerade Zahlen eingestellt werden?

c) Wie viele Zahlen muss Tom im ungünstigsten Fall ausprobieren, wenn er keine Ziffer kennt und alle Zahlen möglich sind?

2

a) Cosima
Meine Zahlen sind alle zweistellig und haben die Quersumme 3.

b) Manuel
Meine Zahlen sind auch zweistellig. Aber ihre Quersumme beträgt 4.

c) Hannes
Meine Zahlen sind auch zweistellig. Aber ihre Quersumme beträgt 5.

d) Jonas
Meine Zahlen sind dreistellig und haben die Quersumme 3.

e) Azra
Meine Zahlen sind auch dreistellig. Sie haben aber die Quersumme 4.

f) Denke dir ein Zahlenrätsel für deinen Partner aus. Löse es auch selbst.

3 Sophie ist mit ihrer Familie zum Essen in einem Restaurant.

a) Wie viele Möglichkeiten hat sie, um aus der Menükarte ein Menü aus Vorspeise, Hauptgericht und Dessert zusammenzustellen?

b) Der Kellner erklärt ihr, dass es heute auch noch Hühnchen mit Kartoffelecken als Hauptgericht gibt.

Menükarte
Salatteller oder Tomatensuppe
*****
Spaghetti Bolognese,
Pizza quattro stagioni oder
Schnitzel mit Pommes
*****
Obstsalat, Himbeereis
oder Rote Grütze

1

In einem Säckchen sind 6 Steckwürfel. Es sind rote und blaue.
Mara soll mit verbundenen Augen herausfinden, wie viele wohl rot und wie viele blau sind.
Mara nimmt 50-mal mit verbundenen Augen einen Steckwürfel aus dem Säckchen.
Nico notiert ihre Farbe in einer Strichliste und legt den Steckwürfel wieder zurück.

a) Führt selber so ein Experiment durch.
b) Betrachtet eure Strichliste. Was vermutet ihr?
Schaut nach: Hat eure Vermutung gestimmt?

2

Wie wahrscheinlich ist es, jeweils einen roten Steckwürfel zu ziehen? Überlegt.

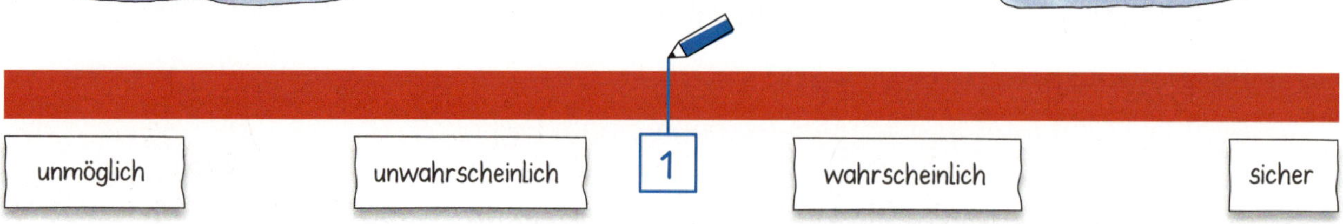

a) Zeichnet einen Wahrscheinlichkeitsstreifen und tragt eure Vermutungen ein.
b) Vergleicht eure Vermutungen mit denen von anderen Gruppen.
c) Was ändert sich, wenn ihr jeweils einen roten und einen blauen Steckwürfel ziehen wollt?

2 Wie bei Aufgabe 1 soll mit verbundenen Augen gezogen werden.

1

In den Beuteln sind rote und grüne Äpfel. Du möchtest gern einen roten Apfel essen. Du darfst aber nur mit verbundenen Augen zugreifen.

a) In welchen Beutel würdest du jeweils greifen? Schreibe eine Begründung in dein Lerntagebuch.

b) Vergleiche deine Begründungen mit denen deines Partners. Wo habt ihr die gleiche Wahl getroffen? Wo habt ihr unterschiedlich gewählt?

1

2

3

4

5

6

1

a) Nimm 4 Zündholzschachteln und suche weitere Lösungen für Pia.
b) Schaffst du es auch, dass jede Zündholzschachtel …
– genau eine andere berührt?
– genau 3 andere Schachteln berührt?

2

a) Nimm 6 Zündholzschachteln und suche weitere Lösungen für Tom.
b) Schaffst du es auch, dass jede Zündholzschachtel …
– genau eine andere berührt?
– genau 3 andere Schachteln berührt?

3

5 Kisten werden verschieden gestapelt. Wie viele andere Kisten berührt die rote (blaue, gelbe, grüne und graue) Kiste mit einer Fläche? Zeichne eine Tabelle und trage ein.

a)

b)

c)

d)

e)

f)
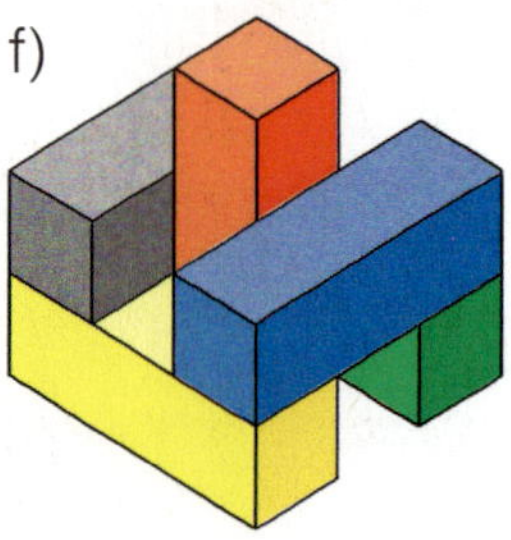

g)
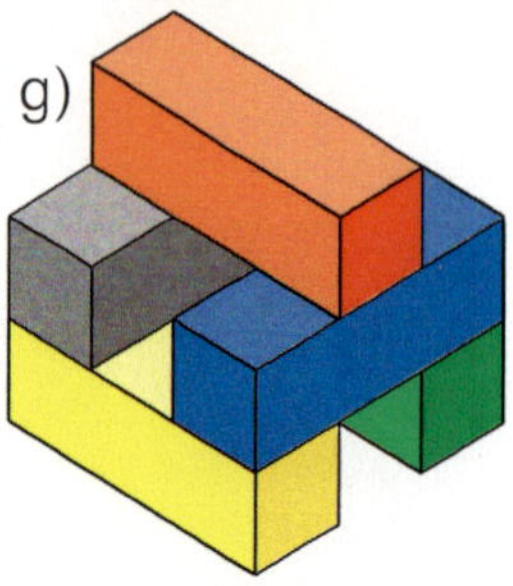

h)

1 und **2** Die Zündholzschachteln sollen sich an Flächen berühren. Das Aneinanderstoßen von Kanten gilt nicht als Berühren.
3 Zur Kontrolle mit Steckwürfeln nachbauen.

1 Jan hat Frankas Gebäude nachgebaut. Welche Gebäude haben die gleiche Form? Finde das Lösungswort.

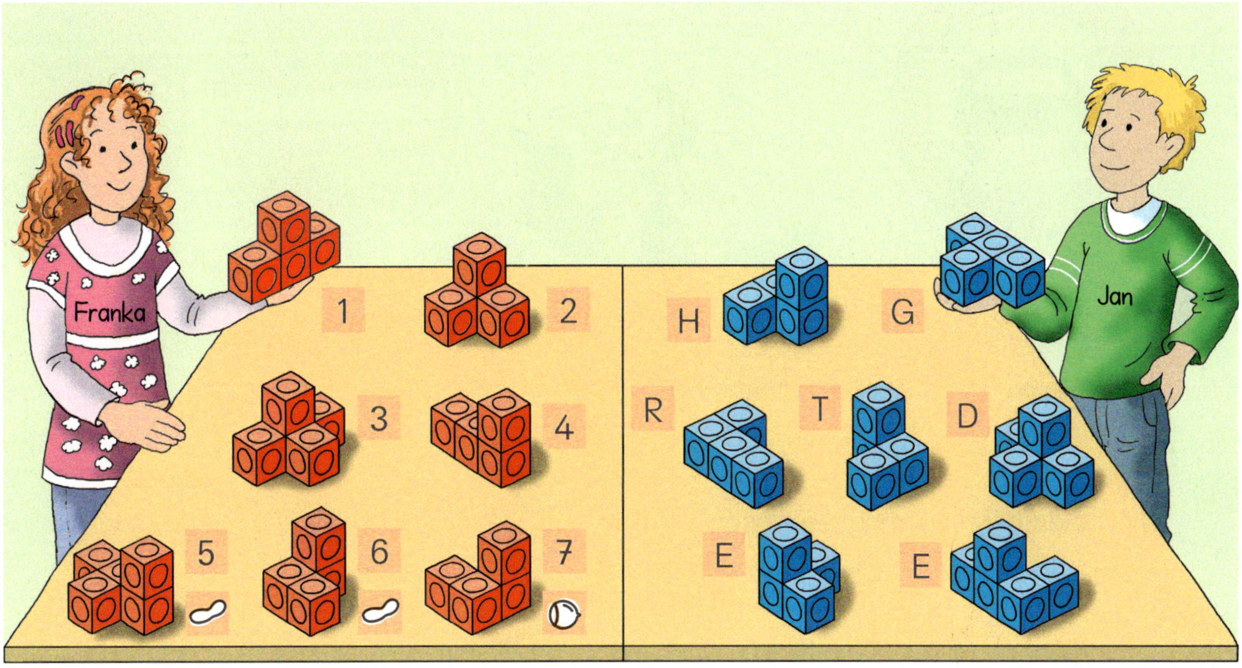

2 Alles verdreht! Welche 2 gelben Körper stimmen nicht mit dem roten Körper überein?

1

Figuren, die eine Symmetrieachse haben, sind deckungsgleich und heißen achsensymmetrisch.

2

Sind die Linien Symmetrieachsen?
Überprüfe mit einem Spiegel.
Suche weitere Symmetrieachsen.

3

Wie viele Symmetrieachsen gibt es?

Flagge ___ hat ___ Symmetrieachsen.

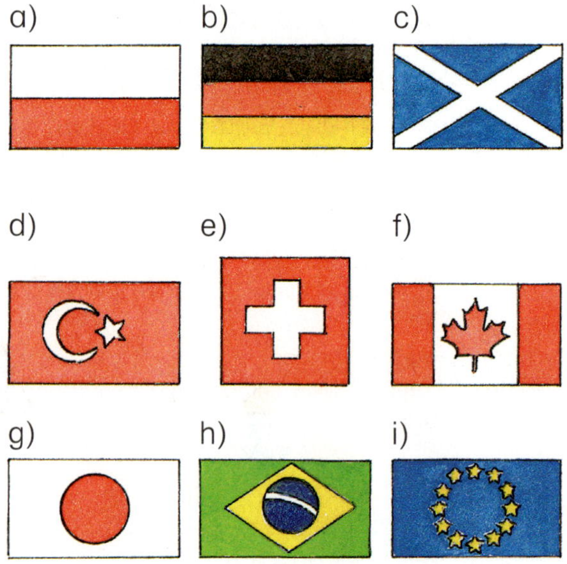

4

Suche Symmetrieachsen.

A B C L

F H K E

M T X O

Finde weitere Buchstaben mit Symmetrieachsen.

5

Wie heißt die Geheimbotschaft?

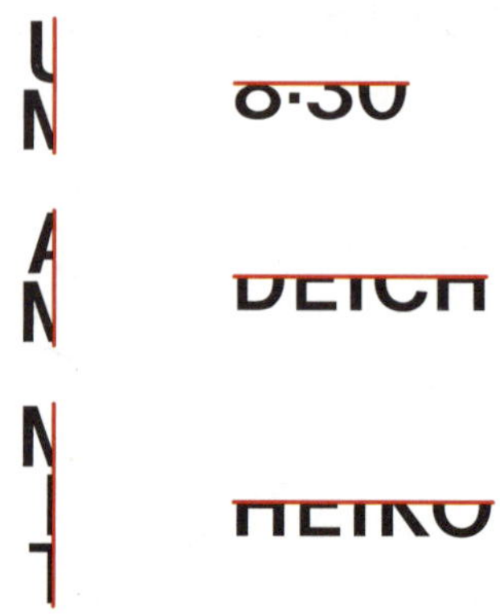

1

Spiel für 2 Personen:

Paula und Felix legen ihre 2 Geobretter aneinander.
Paula spannt eine Figur.
Felix spannt die dazu symmetrische Figur.
Dann kontrollieren beide.
Die Gummiringe werden entfernt.
Jetzt spannt Felix zuerst eine Figur.

2

Zeichne die Figur in dein Heft und ergänze das Spiegelbild. Kontrolliere mit dem Spiegel.

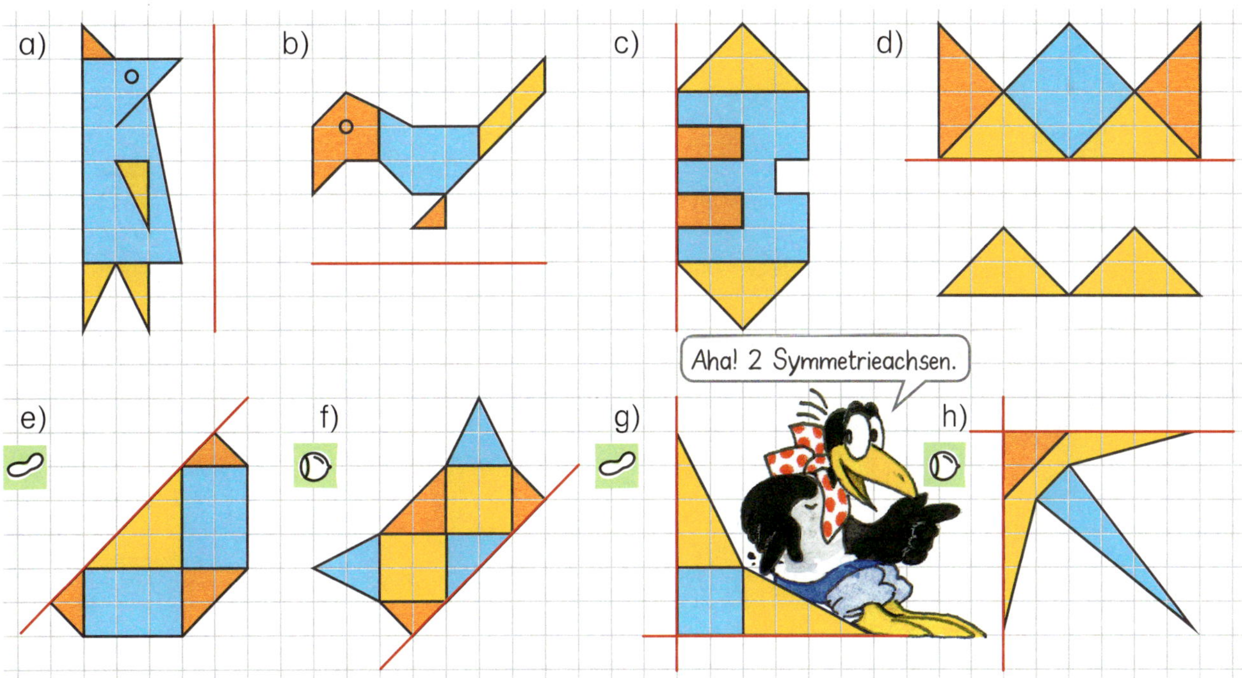

3

Welche Figur hat keine Symmetrieachse?

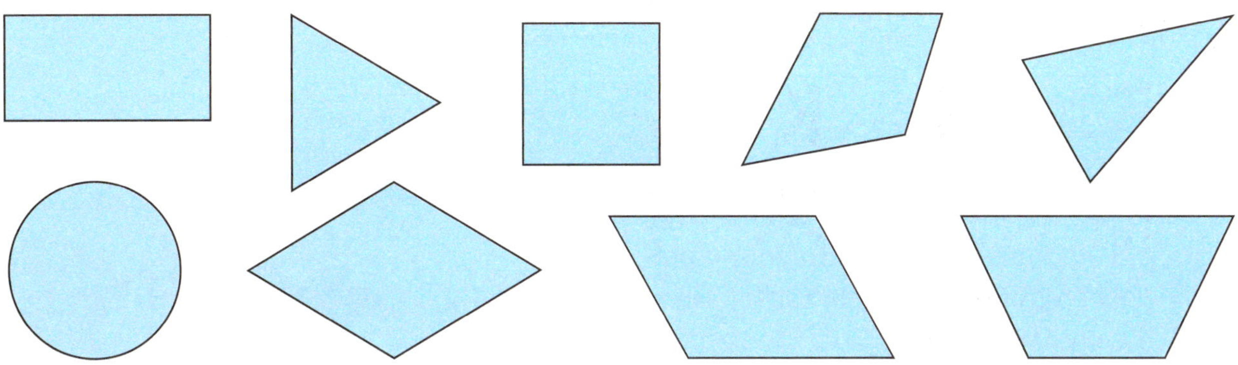

1 Auch 4 Geobretter zu einem Quadrat anordnen: Vorbereitung für das Spiegeln an 2 zueinander senkrechten Symmetrieachsen (**2** Aufgaben g) und h)). Kontrolle z. B. mit einem Spiegel.

1

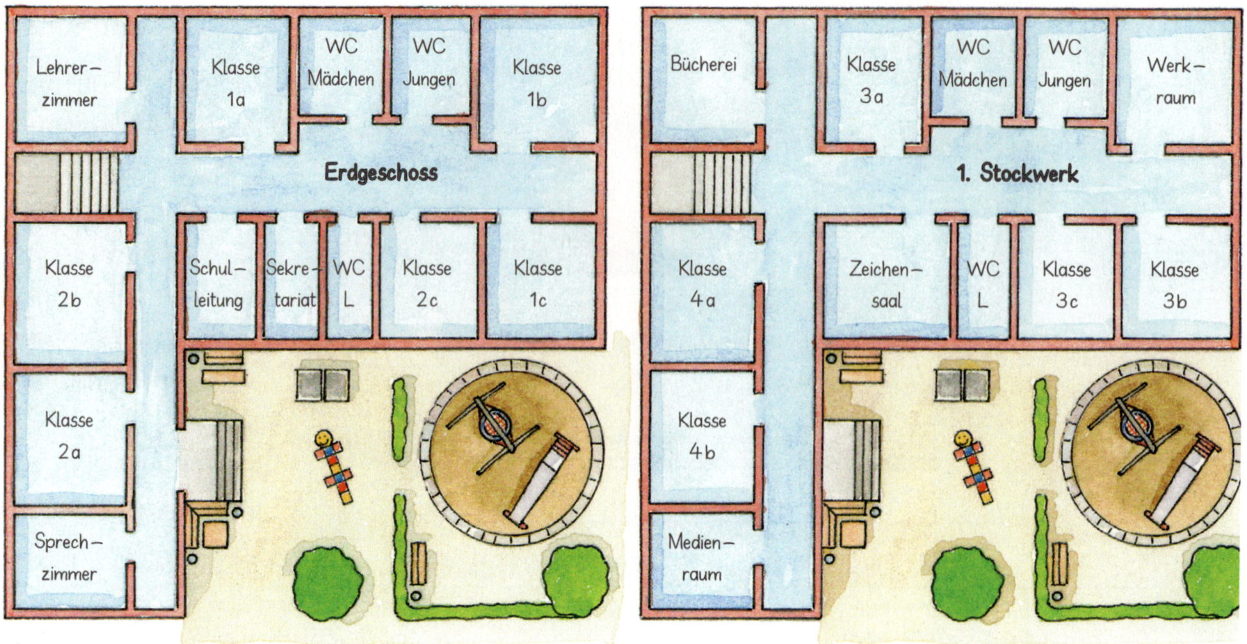

Welche Wege gehen die Kinder? Beschreibe.

a) Max ist in der Klasse 2b. Er bringt den Tageslichtprojektor in die Klasse 1c.

b) Maja ist in der Klasse 3a. Sie soll einen CD-Player aus dem Medienraum holen.

c) Tom ist in der Klasse 4a. Er soll seiner Schwester Lea das Pausenbrot bringen, das sie zu Hause vergessen hat. Lea geht in die Klasse 1a.

d) Anne soll aus der Bücherei zwei Musikbücher für die Klasse 3c holen. Sie kommt gerade aus dem Lehrerzimmer.

2

Wohin gehen die Kinder? Woher kommen sie?

Ich gehe aus der Klasse 1b heraus nach rechts und dann in die 3. Türe rechts. Wo bin ich jetzt?

Ich gehe aus dem Werkraum nach rechts, den Gang geradeaus und die Treppe nach unten. Dort gehe ich nach rechts und in die 3. Tür rechts hinein.

Ich gehe aus meinem Klassenzimmer nach rechts und laufe den ganzen Gang entlang direkt auf die Treppe zu. Die gehe ich nach oben. Ich gehe im Gang nach rechts in die 1. Tür rechts.

Ich gehe aus meinem Klassenzimmer im Erdgeschoss nach links und den nächsten Gang nach rechts. Ich laufe weiter bis zur Jungentoilette. In welche Klasse könnte ich gehen?

3

Beschreibe die Wege:
a) von der Bücherei zum Zeichensaal,
b) von der Klasse 3c zum Lehrerzimmer,
c) vom Pausenhof zum Sprechzimmer,
d) vom Lehrerzimmer zur Klasse 3b,
e) von der Klasse 1b zum Medienraum.

Beschreibe diese Wege und eigene Wege auch an deiner Schule.

1

Die Kinder aus der 3. Klasse wollen den Pausenhof zeichnen. Folgende Symbole haben sie sich ausgedacht.

a)

b)

c)

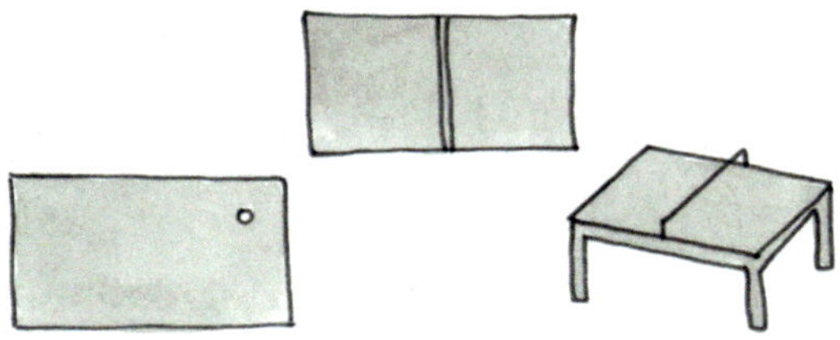

d)

Welche Symbole eignen sich jeweils für eine Lageskizze? Begründe.

2

Skizziere den Pausenhof mit allen Symbolen in dein Heft. Überlege, wie die Symbole für die anderen Dinge auf dem Pausenhof aussehen könnten. Lege eine Übersicht an.

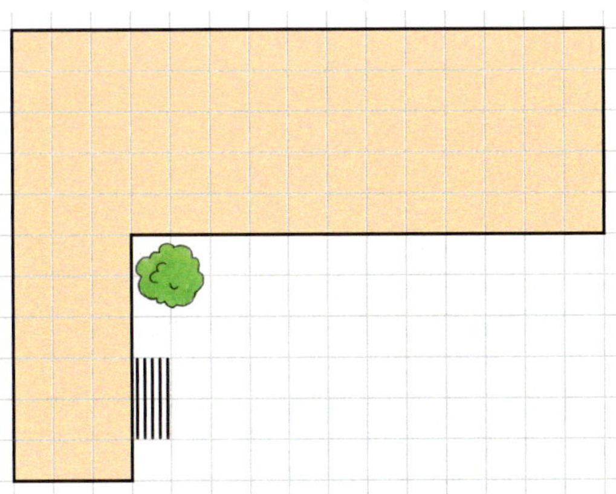

3

a) Zeichne einen Lageplan deines Pausenhofs. Überlege dir, wie die Symbole für andere Dinge auf deinem Pausenhof aussehen könnten.

b) Wie sieht dein Wunsch-Pausenhof aus? Zeichne einen Lageplan dazu. Erkläre die Symbole.

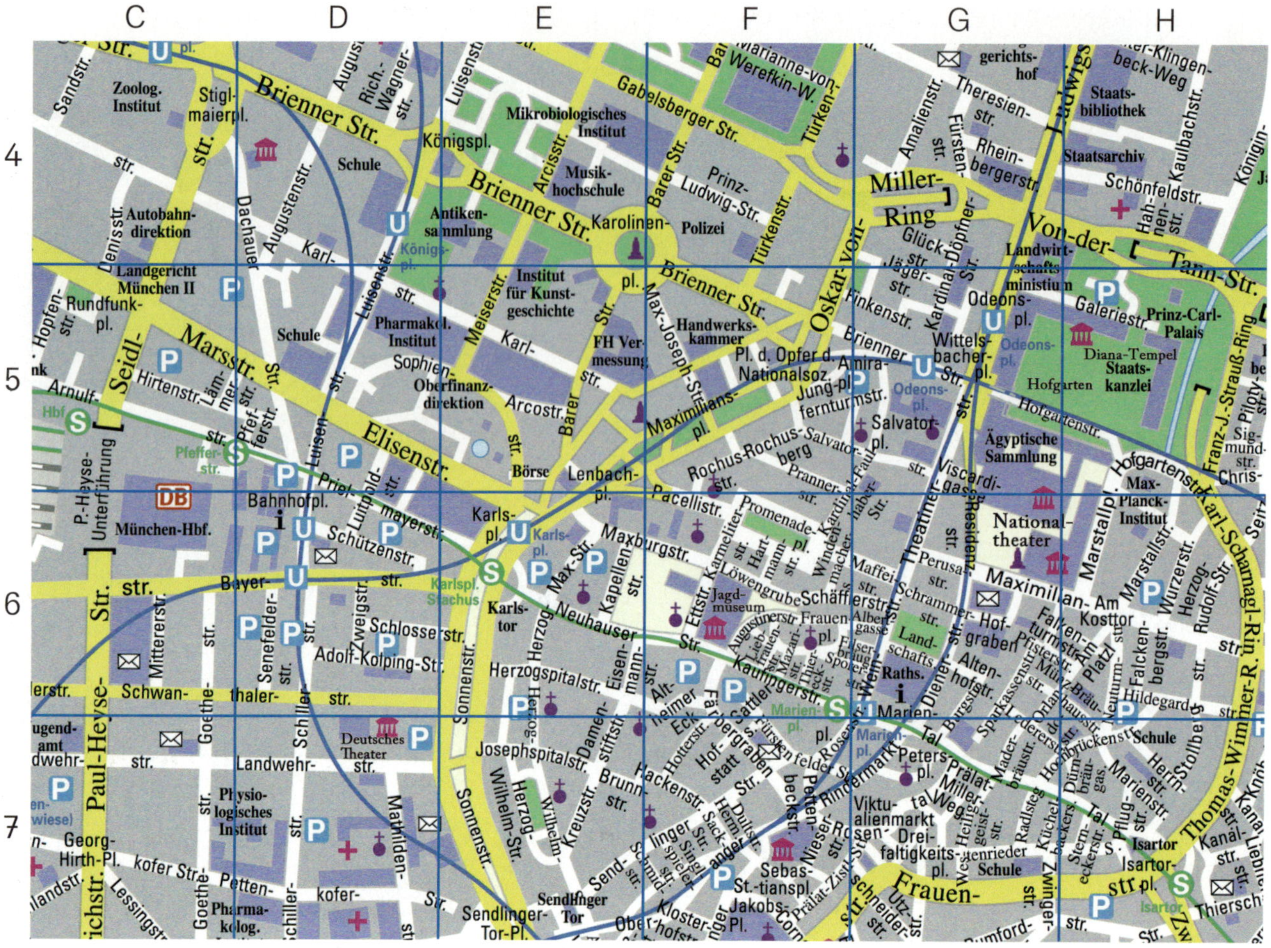

1

Der Stadtplan ist in Quadrate eingeteilt. Ein Planquadrat wird durch einen Buchstaben und eine Zahl bestimmt.
Das ist das Planquadrat D5.

a) Suche die Planquadrate C4 und F6.
b) Welche Planquadrate grenzen an D6 und G6?

2

Welche Planquadrate sind es?

a) 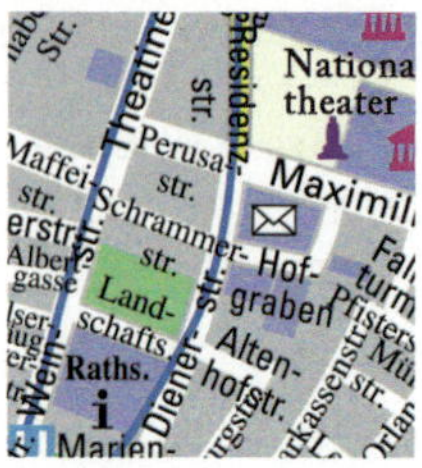

b) 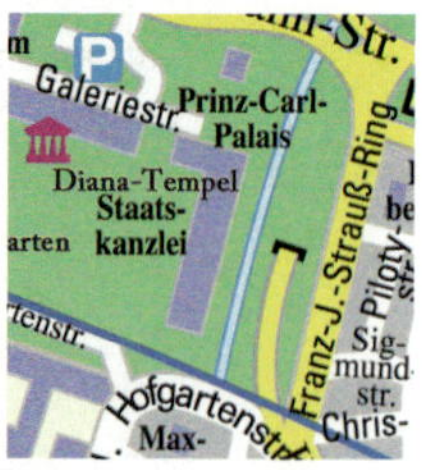

c) 

d) 

3

Suche auf dem Plan:

a) Karlsplatz (E6)
b) Hofgarten (G5/H5)
c) Isartor (H7)
d) Staatskanzlei (H5)

4

In welchem Planquadrat findest du ...?

a) Karlstor
b) Bahnhofplatz
c) Jagdmuseum
d) Sendlinger Tor

5 Suche auf dem Stadtplan der bayerischen Landeshauptstadt München die hier abgebildeten Gebäude und Plätze.

Nationaltheater

Frauenkirche am Frauenplatz

Odeonsplatz

Rathaus am Marienplatz

6 Suche Wege und beschreibe sie:

a) vom Hauptbahnhof zum Marienplatz

b) vom Karlsplatz zum Königsplatz

c) vom Rathaus zur Staatskanzlei

d) vom Odeonsplatz zum Königsplatz (mit der U-Bahn)

e) Denk dir Wege für deinen Partner aus.

7 Ein Zentimeter auf dem Plan ist in der Wirklichkeit ungefähr 150 Meter. Berechne, wie lang die folgenden Straßen ungefähr sind:

a) Adolf-Kolping-Straße

b) Maximilianstraße

c) Neuhauser Straße

d) Sendlinger Straße

e) Brienner Straße

8

1 Du bist Schatzsucher.

a) Mit dem Drehfallschirm landest du in der Piratenbucht. Wie findest du von der Piratenflagge zum Schatz? Gehe nur entlang der Gitterlinien.

b) Wenn du den Schatz gefunden hast, gehst du 2 Kästchenlängen (KL) nach Osten, 5 KL nach Süden und 2 KL nach Westen. Dort ist ein gutes Nachtlager.

c) Am nächsten Tag wartet das Schiff an der Steilküste. Gehe an der Wasserstelle vorbei zur Küste.

d) Wie lang sind deine Wege? (1 KL bedeutet 1 km)

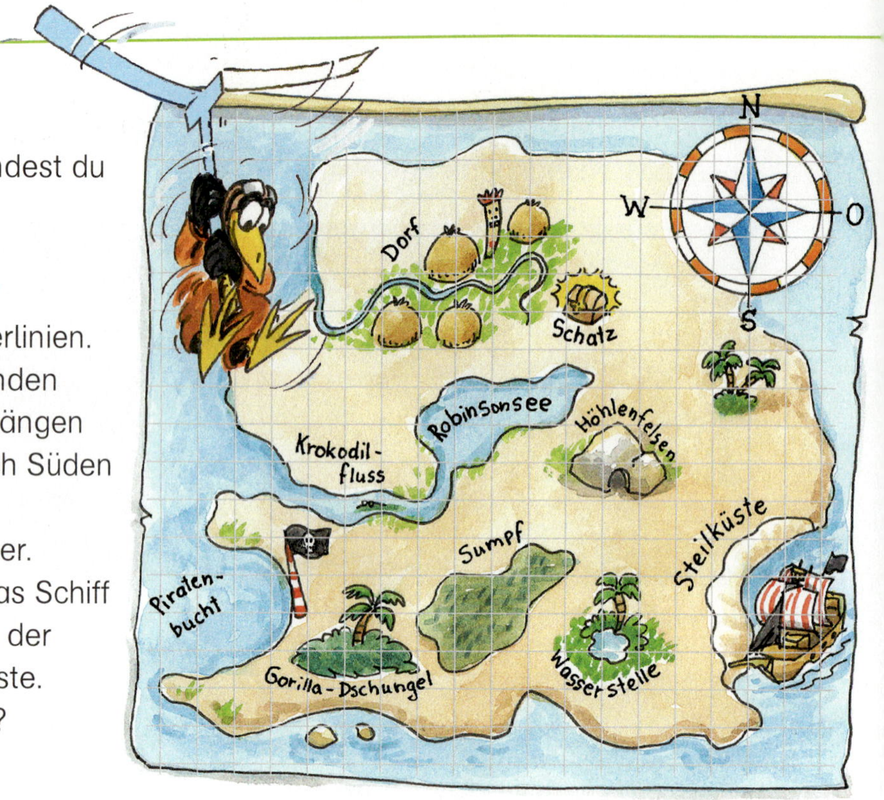

2

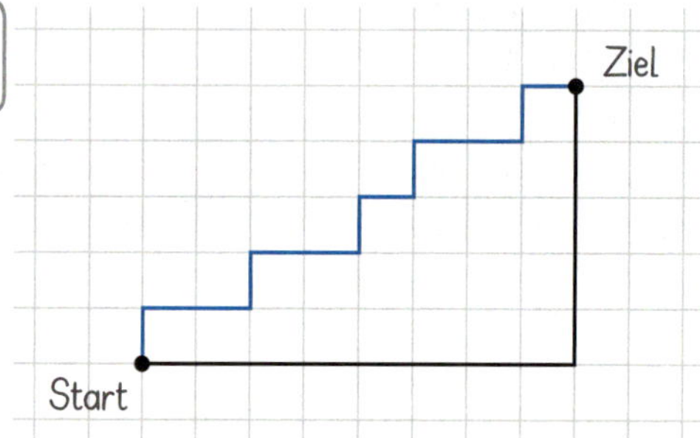

a) Hat Mark recht? Begründe.

b) Finde weitere Wege, die 13 Kästchen lang sind.

3 Leonie hat nach Marks Vorschriften Figuren gezeichnet. Schreibe die Vorschriften auf.

a)

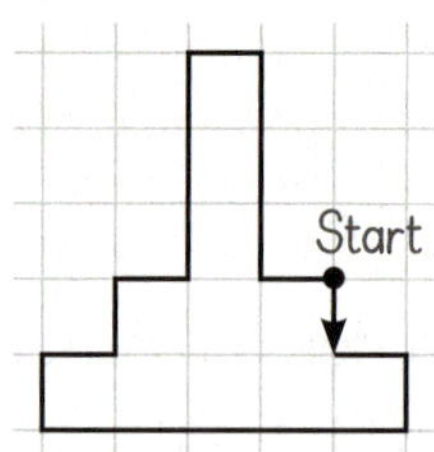

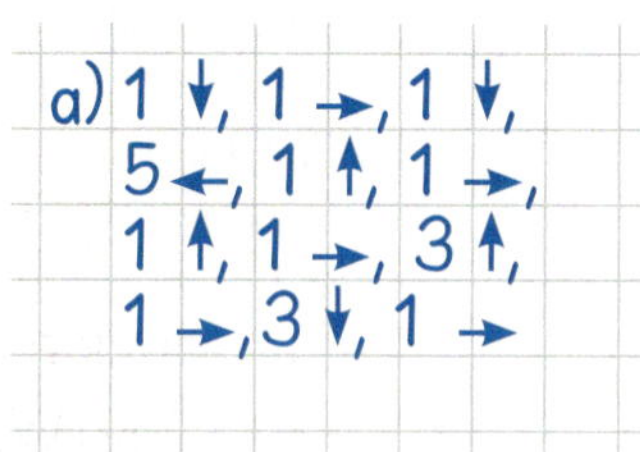

a) 1 ↓, 1 →, 1 ↓, 5 ←, 1 ↑, 1 →, 1 ↑, 1 →, 3 ↑, 1 →, 3 ↓, 1 →

b)

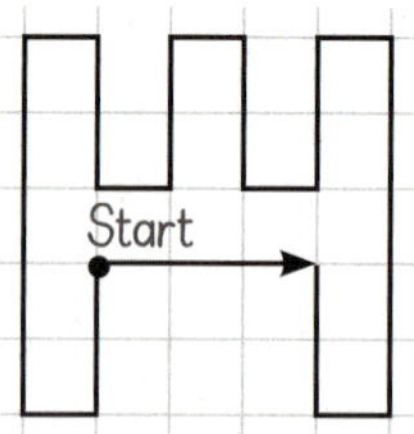

c)

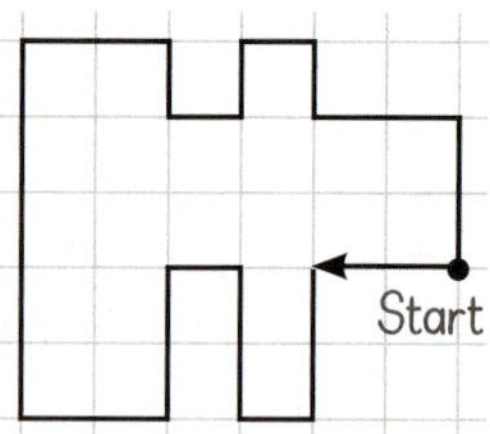

4 Zeichne Figuren nach folgenden Vorschriften:

a) 6↑ 2← 2↑ 6→ 2↓ 2← 6↓ 2←

b) 10↑ 5→ 2↓ 3← 2↓ 2→ 2↓ 2← 4↓ 2←

c) 8↑ 2→ 3↓ 2→ 3↑ 2→ 8↓ 2← 3↑ 2← 3↓ 2←

1 Bastle einen Drehfallschirm.

a) Zeichne den Plan auf Karopapier und schneide ihn aus.

b) Falte einen Flügel nach vorn, den anderen nach hinten. Knicke das untere Ende um. Eine Heftklammer dient als Gewicht.

Der Drehfallschirm funktioniert auch, wenn du die Vorlage verkleinerst oder vergrößerst.

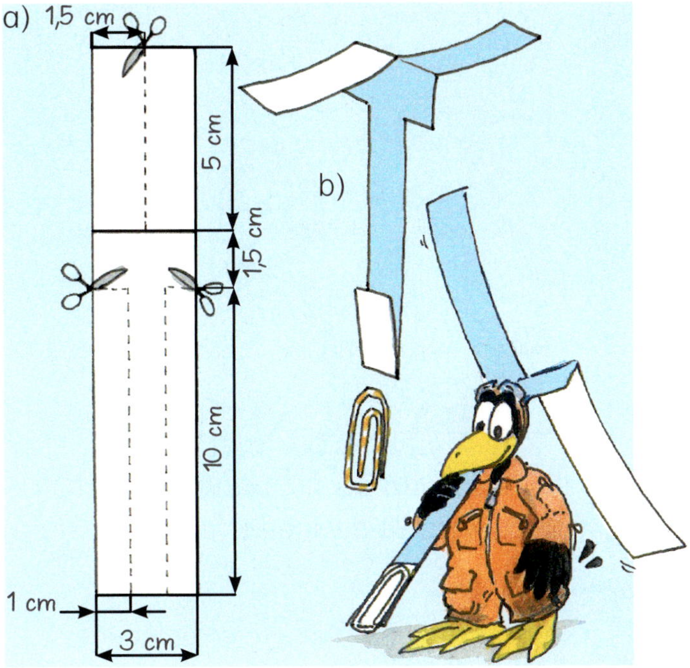

2

Falte ein Papier der Länge nach. Schneide es dann mehrmals von oben und unten ein:

Schneide danach die Faltkanten (mit Ausnahme der ersten und letzten) auf. Nun kannst du das Blatt auseinanderziehen.

3

Zeichne einen Streifen, der 3 cm breit und möglichst lang ist. Schneide ihn aus und kennzeichne die Mittellinie. Verdrehe das Band einmal und klebe die Enden zusammen:

Zerschneide nun das Band entlang der Mittellinie. Was fällt dir auf? Beschreibe.

Fertige ein weiteres Band an und verdrehe es zweimal. Klebe es zusammen und schneide wieder. Was fällt dir auf?

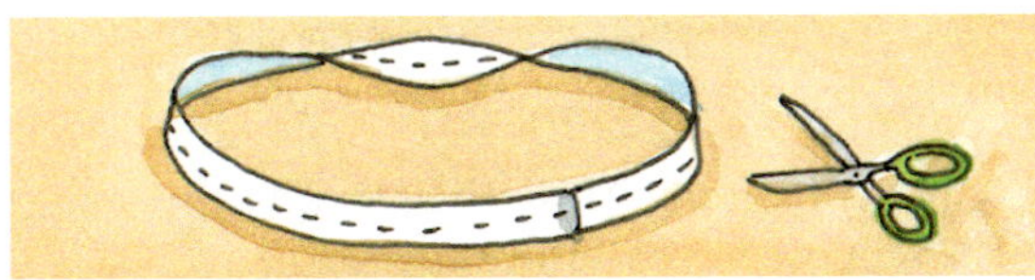

1

1 Stunde = 60 Minuten
1 h = 60 min

Was würdest du sagen?

2

Sucht für jede Uhrzeit verschiedene Sprechweisen.

a) 

b) 

c) 

d) 

3

Viertelstunde
$\frac{1}{4}$ h = ☐ min

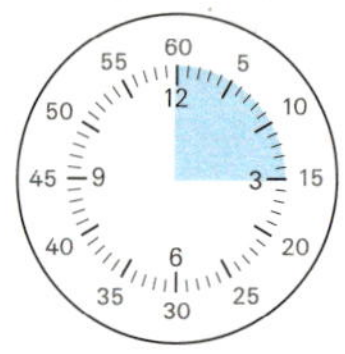

halbe Stunde
$\frac{1}{2}$ h = ☐ min

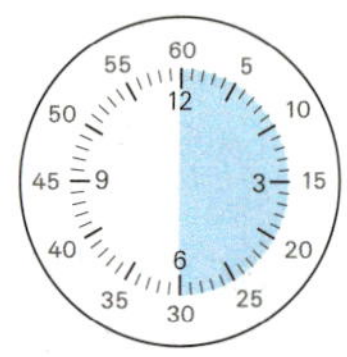

Dreiviertelstunde
$\frac{3}{4}$ h = ☐ min

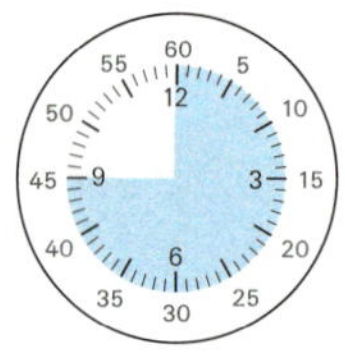

ganze Stunde
1 h = ☐ min

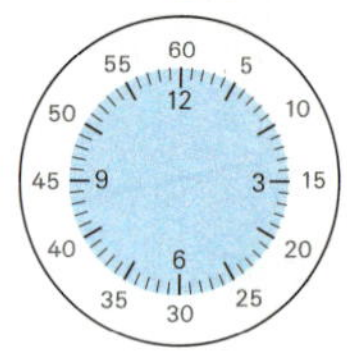

4

Schreibe in Stunden und Minuten.

65 min = ☐ h ☐ min

a)	b)	c)
65 min	120 min	245 min
75 min	150 min	299 min
61 min	185 min	413 min
88 min	172 min	598 min

5

Schreibe in Minuten.

1 h 20 min = ☐ min

a)	b)	c)
1 h 20 min	6 h	9 h 5 min
1 h 40 min	8 h	8 h 35 min
2 h 35 min	$\frac{1}{2}$ h	10 $\frac{1}{2}$ h
3 h 25 min	$\frac{3}{4}$ h	11 $\frac{3}{4}$ h

6

Das ist der Stundenplan von Regina aus Augsburg.
Wie viele Stunden und Minuten …

a) ist Regina an den einzelnen Tagen in der Schule?

b) hat sie in der Woche Sport (HSU, Kunst, Mathe, Deutsch, …)?

c) hat sie in einer Woche Unterricht?

d) Rechne auch mit deinem Stundenplan.

Stunde	Mo	Di	Mi	Do	Fr
1.	Deu	Reli	Deu	Deu	Mathe
2.	Deu	Reli	HSU	Mathe	Deu
Pause (15 min)					
3.	Mathe	Mathe	Musik	HSU	W/G
4.	Engl	Deu	Mathe	Engl.	W/G
Pause (15 min)					
5.	HSU	Musik	Sport	Reli	Sport
6.	Kunst	Fö.	Sport	–	AG
1 Unterrichtsstunde dauert 45 Minuten.					

1

1 Minute = 60 Sekunden
1 min = 60 s

2

a) Wer lief am schnellsten?

Maren

Niko

Paul

Jule

b) So schnell liefen die anderen Kinder der Klasse. Schreibe alle Zeiten in Minuten und Sekunden.

Patricia: 89 s = 1 min ☐ s

Patricia:	89 s
Lars:	87 s
Markus:	98 s
Jonas:	82 s
Mareike:	78 s
Fabian:	101 s
Maria:	92 s
John:	74 s

3

Schließe die Augen und versuche, sie nach genau 5 s (10 s, 30 s, 1 min) wieder zu öffnen.
Dein Partner kontrolliert jeweils mit einer Stoppuhr.
Um wie viele Sekunden hast du dich jeweils verschätzt?

4

Schreibe in Sekunden.

3 min = ☐ s

a)	b)	c)
3 min	10 min	10 min 5 s
5 min	12 min	13 min 9 s
7 min	15 min	60 min
4 min	11 min	45 min

5

Ergänze bis zur nächsten vollen Minute.

36 s + ☐ s = 1 min

a)	b)	c)
36 s	49 s	65 s
19 s	22 s	90 s
54 s	34 s	127 s
5 s	59 s	359 s

1

2

a) Beschreibe den Reiseplan rechts.

b) Wie lange waren die Kinder im ICE 595 unterwegs?

Name	von	nach
Amelie	Hildesheim Hbf	Fulda
Moritz	Berlin Ostbahnhof	Göttingen
Sebastian	Kassel-Wilhelmshöhe	Frankfurt Hbf
Melanie	Berlin Ostbahnhof	München Hbf
Michael	Frankfurt Hbf	Ulm Hbf
Annica	Braunschweig Hbf	Kassel-Wilhelmshöhe
Katja	Göttingen	Hanau Hbf

Und wie viele Kilometer sind die Kinder gefahren?

DB BAHN

Ihr **Reiseplan**
ICE 595

An	Ab	Bahnhof	km bis zum nächsten Halt
	Ab 7.24	Berlin Ostbahnhof	216 km
An 8.56	Ab 8.58	Braunschweig Hbf	43 km
An 9.23	Ab 9.25	Hildesheim Hbf	78 km
An 9.53	Ab 9.55	Göttingen	44 km
An 10.14	Ab 10.16	Kassel-Wilhelmshöhe	90 km
An 10.45	Ab 10.47	Fulda	81 km
An 11.27	Ab 11.29	Hanau Hbf	23 km
An 11.44	Ab 11.50	Frankfurt (Main) Hbf	82 km
An 12.27	Ab 12.30	Mannheim Hbf	107 km
An 13.08	Ab 13.12	Stuttgart Hbf	93 km
An 14.07	Ab 14.09	Ulm Hbf	86 km
An 14.53	Ab 14.55	Augsburg Hbf	62 km
An 15.28		München Hbf	

3

Wo sind die Kinder eingestiegen? Wo sind sie ausgestiegen?

a) Paula ist in Berlin eingestiegen und fuhr 92 Minuten im ICE.

b) Louis ist nach 2 h 58 min Fahrt im ICE in München ausgestiegen.

c) Alex stieg in Stuttgart ein und kam um 14.32 Uhr mit 25 Minuten Verspätung an.

d) Sina fuhr nur eine Station weit. Sie stieg nach 37 Minuten wieder aus.

e) Saman war nach rund eineinhalb Stunden am Ziel. Er ist 215 km gefahren.

f) Kai war nach ca. dreieinhalb Stunden Fahrt im ICE am Ziel.

1

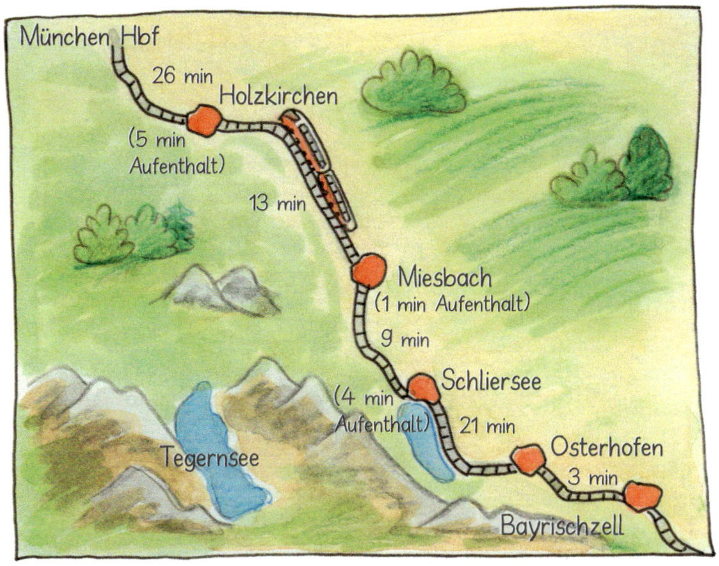

So fährt die „Bayerische Oberlandbahn“ (BOB) in Oberbayern.

a) Beschreibe die Karte.

b) Wie lange braucht der Zug von Bayrischzell nach München Hbf?

c) Vervollständige den Abfahrtsplan.

Fahrplan: Bayerische Oberlandbahn			
Bayrischzell	6.07 Uhr	7.05 Uhr	
Osterhofen	6.10 Uhr		
Schliersee			9.59 Uhr
Miesbach			

2

Alina und Raphael verbringen mit ihrem Vater einen Fahrradurlaub in Oberbayern.

a) Um 8.15 Uhr sind sie in Bayrischzell losgeradelt. Nach 50 Minuten kommen sie am Spitzingsee an.

b) Vom Spitzingsee brauchen sie mit dem vielen Gepäck noch 1 h 5 min bis nach Schliersee.

c) Um 10.55 Uhr haben sie einen schönen Zeltplatz gefunden. 30 Minuten später steht das Iglu-Zelt.

d) Raphael pumpt 9 Minuten. Dann löst ihn Alina ab und pumpt auch noch 6 Minuten. Um 13.07 Uhr lassen sie das Gummiboot zu Wasser.

e) Am Sonntag um 10.03 Uhr steigen die drei in die BOB und fahren nach München. Um 15.10 Uhr fährt die BOB wieder zurück.

f) Am Montag fahren sie 1 h 20 min nach Bayrischzell zurück. Sie kommen um 14.04 Uhr dort an.

g) 45 min
10.35 Uhr → ☐

h) ☐
9.15 Uhr → 12.20 Uhr

i) 55 min
☐ → 13.12 Uhr

j) Schreibe selbst Reise-Rechengeschichten und löse sie.

1

Unterbringung	Personen		Hauptsaison 01.07.–31.08. 1 Woche	2 Wochen	Verl.-Woche	Nebensaison 01.01.–30.06. und 01.09.–31.12. 1 Woche	2 Wochen	Verl.-Woche
Gasthof Sonnenblick* **								
DZ	2	VP	215 €	398 €	175 €	178 €	308 €	135 €
EZ	1	VP	258 €	475 €	218 €	205 €	357 €	168 €
Kinder (6 bis 12 Jahre)		VP	135 €	248 €	115 €	98 €	175 €	78 €
Hotel Mariana** **								
DZ	2	VP	295 €	518 €	215 €	266 €	478 €	165 €
EZ	1	VP	348 €	629 €	298 €	285 €	518 €	207 €
Kinder (6 bis 12 Jahre)		VP	189 €	348 €	149 €	139 €	258 €	105 €
Gästehaus Henrichs **								
DZ	2	HP	168 €	325 €	125 €	146 €	269 €	108 €
EZ	1	HP	205 €	385 €	187 €	165 €	286 €	129 €
Kinder (6 bis 12 Jahre)		HP	99 €	176 €	75 €	78 €	137 €	55 €

Alle angegebenen Preise gelten pro Person. Kinder bis 5 Jahre frei.
Ab 2 Wochen Aufenthalt können Verlängerungswochen gebucht werden.

a) In welchem Zeitraum ist Hauptsaison? Wann ist Nebensaison?
b) Was bedeuten die Abkürzungen EZ und DZ?
c) Bis zu welchem Alter können Kinder kostenlos mitfahren?
d) VP und HP bedeuten Vollpension und Halbpension. Was ist damit gemeint?

2

Wie teuer ist **eine Woche** im **Einzelzimmer** für **einen Erwachsenen** im **Gasthof Sonnenblick** in der **Nebensaison**?
So findest du die gesuchte Information in der Tabelle:

Unterbringung	Personen		Hauptsaison 01.07.–31.08. 1 Woche	2 Wochen	Verl.-Woche	Nebensaison 01.01.–30.06. und 01.09.–31.12. 1 Woche	2 Wochen	Verl.-Woche
Gasthof Sonnenblick* **								
DZ	2	VP	215 €	398 €	175 €	178 €	308 €	135 €
EZ	1	VP	258 €	475 €	218 €	205 €	357 €	168 €
Kinder (6 bis 12 Jahre)		VP	135 €	248 €	115 €	98 €	175 €	78 €

a) Was kosten 2 Wochen für ein 9-jähriges Kind im Hotel Mariana während der Hauptsaison?

b) Wie viel muss ein Erwachsener in der Hauptsaison für eine Verlängerungswoche im Doppelzimmer im Gästehaus Henrichs bezahlen? Was bezahlt man zur gleichen Zeit dafür im Gasthof Sonnenblick?

c) Wie teuer wird ein dreiwöchiger Urlaub in der Nebensaison für ein 5-jähriges Kind und seine Mutter im Hotel Mariana?

d) Denke dir weitere Fragen aus.

3

a) Tante Rosi macht jedes Jahr im Mai 3 Wochen Urlaub im Gasthof Sonnenblick. In diesem Jahr war sie krank und wird deshalb erst im August fahren.

b) Frau Balk überlegt, ob sie eine Woche während der Hauptsaison im Hotel Mariana oder 2 Wochen während der Nebensaison im Gasthof Sonnenblick Urlaub machen soll.

c) Herr Böhm hat seinen Urlaub im Kalender eingerahmt. Er möchte ihn mit seiner Frau im Gästehaus Henrichs verbringen.

JUNI 2016

Mo	Di	Mi	Do	Fr	Sa	So
		1	2	3	4	5
6	7	8	9	10	11	12
13	14	15	16	17	18	19
20	21	22	23	24	25	26
27	28	29	30			

4

Frau Graf, ihr Mann und Tochter Lisa (11 Jahre) wollen in der Hauptsaison für 3 Wochen in den Urlaub fahren. Sie vergleichen die Preise für den Gasthof und das Hotel.

Gasthof	2 Wochen	Verl.-Woche	gesamt
Fr. Graf			
Hr. Graf			
Lisa			

Hotel	2 Wochen
Fr. Graf	
Hr. Graf	
Lisa	

5

a) Herr Regler, seine Frau und die beiden Kinder Tobias (8 Jahre) und Christina (10 Jahre) wollen während der Osterferien im Gästehaus Henrichs eine Woche Urlaub machen. Was kostet die Unterbringung im Gästehaus insgesamt, wenn die Familie ein Doppelzimmer nimmt?

Kostenaufstellung	
Hr. Regler	
Fr. Regler	
Christina	
Tobias	
Fahrtkosten	
Mittagessen	

b) Zu den Kosten für die Unterbringung kommen noch weitere hinzu:

Benzinkosten: 175 €

Mittagessen pro Tag und Person: 10 €

Getränke pro Tag und Person: 3 €

Eintritte pro Person: 10 €

1

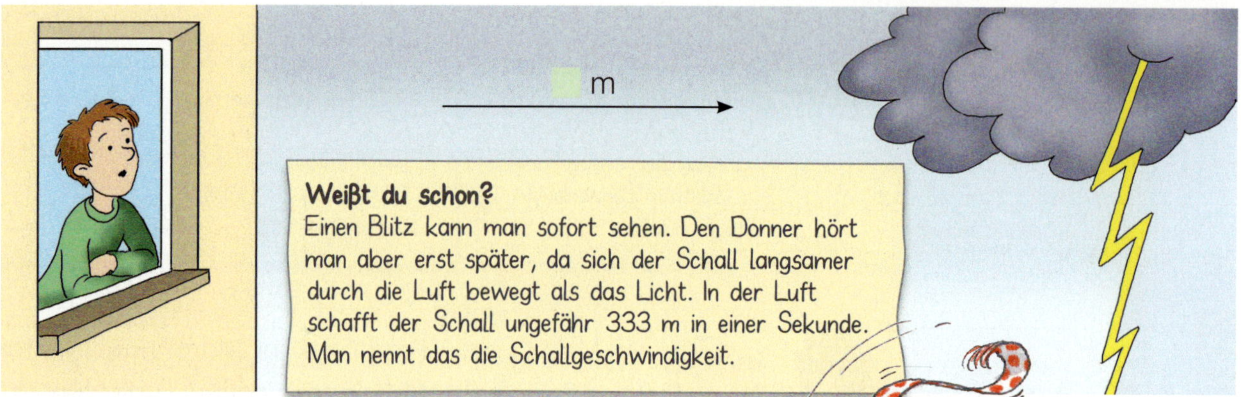

Weißt du schon?
Einen Blitz kann man sofort sehen. Den Donner hört man aber erst später, da sich der Schall langsamer durch die Luft bewegt als das Licht. In der Luft schafft der Schall ungefähr 333 m in einer Sekunde. Man nennt das die Schallgeschwindigkeit.

Max sieht einen Blitz am Himmel.
Er hört 3 Sekunden später den Donner.
Wie weit war der Blitz von Max entfernt?
Das Pfeilbild hilft dir.

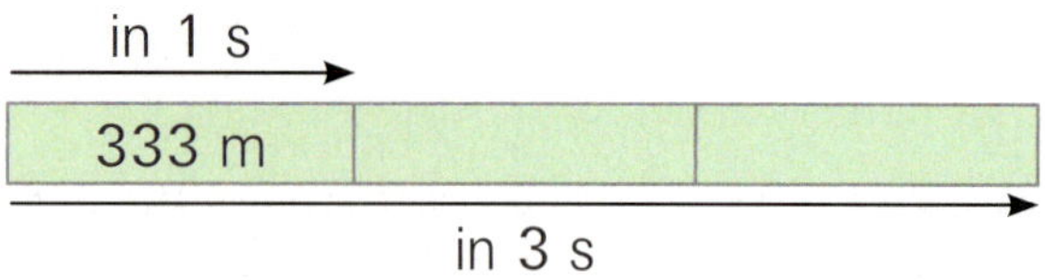

2

Wie weit ist der Blitz ungefähr entfernt, wenn man den Donner
a) nach 6 s, 9 s, 12 s hört?
b) nach 5 s, 10 s, 14 s hört?

3

Nach wie vielen Sekunden hört man den Donner ungefähr, wenn der Blitz
a) 2 km, 5 km, 7 km entfernt ist?
b) 1 km 600 m, 3 km 500 m entfernt ist?

4

Beim Wandern in den Bergen rufen Christine und Katja laut „Hallo!“ in Richtung des gegenüberliegenden Berges.
Wie lange dauert es ungefähr, bis sie das Echo hören?

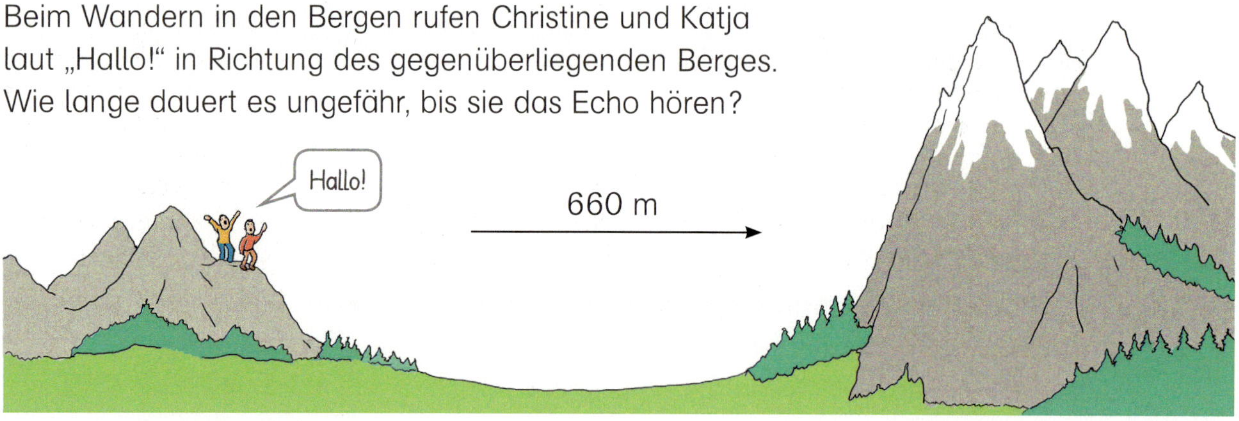

5

Ein Wal-Baby ruft seine Mutter.
Wie weit ist es von der Mutter entfernt, wenn der Schall 3 Sekunden später bei ihr ankommt?

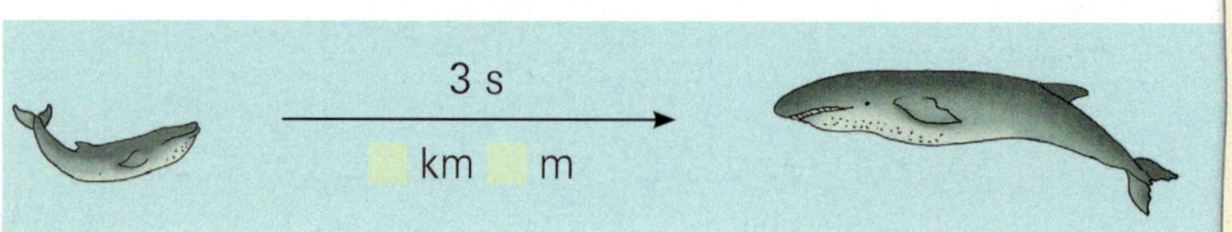

Weißt du schon?
Auch Wale verständigen sich mithilfe des Schalls. Im Wasser ist der Schall aber viel schneller als in der Luft. Hier schafft er ungefähr 1 km 500 m in der Sekunde.

1 (Partnerarbeit)

Überlegt zuerst, ob ihr diese Aufgabe sinnvoll lösen könnt und antwortet dann.

a) Hermann muss 25 Kartoffeln schälen. Für eine Kartoffel braucht er eine Minute. Wie lange dauert das Schälen, wenn ihm seine 4 Freunde helfen, die genauso schnell schälen wie er?

b) Lisa weiß, dass 250 g Spaghetti nach 8 Minuten kochen genau richtig durch sind. Wie lange muss sie 500 g Spaghetti kochen?

c) Ein Straßenbauarbeiter schaufelt einen 4 Meter langen Graben in 4 Tagen aus. Wie lange hätten 4 Arbeiter dafür gebraucht?

d) Tante Ulrike gießt ihren Gummibaum jeden Tag mit einem Becher Wasser. Dadurch wächst er einen Zentimeter in einem Monat. Wie viele Zentimeter würde er in einem Monat wachsen, wenn er 3 Becher Wasser am Tag bekäme?

e) In der Klasse 3a sitzen die Kinder an 4er-Tischen und 6er-Tischen. Nur die Lehrerin hat ihr Pult für sich allein. Wie viele Kinder sind in der Klasse 3a?

2 (Partnerarbeit)

Im Heimat- und Sachunterricht sprechen die Schüler über das Gewicht von Waldtieren.

Kira
2 Wildschweine wiegen zusammen 1000 kg.

Franz
Ein Wildschwein wiegt etwa zehnmal so viel wie ein Dachs.

Elsa
2 Feldhasen können zusammen so viel wiegen wie ein ausgewachsener Rehbock.

Yunus
Ein Eichhörnchen ist etwa so schwer wie 10 Haselmäuse.

a) Welche Aussagen können stimmen? Begründet.
b) Berichtigt die falschen Aussagen. Informiert euch dazu in einem Lexikon oder im Internet.

1, 2 Überprüfen der Plausibilität von Lösungen, z. B. „Kann es stimmen, dass …“

1 a) Wie viele Autos stehen ungefähr in einem 1 km langen Stau?

b) Wie viele Personen befinden sich wohl in diesem Stau?

2 a) Wie viele Bleistifte werden jedes Jahr an deiner Schule ungefähr verbraucht?

b) Wie viele Klebestifte werden jedes Jahr an deiner Schule ungefähr verbraucht?

3

a) Wie lang ist die Menschenkette, wenn sich alle Kinder eurer Schule an den Händen halten?

b) Wie viele Stunden hast du in diesem Schuljahr schon Matheaufgaben gelöst?

c) Wie viele Kilometer legen alle Schüler eurer Klasse (eurer Schule) jeden Tag auf dem Schulweg zurück?

Enrico Fermi lebte von 1901 bis 1954.

Solche ähnlichen Fragen stellte der italienische Physiker Enrico Fermi oft seinen Studenten. Er wollte, dass sie lernen, wie man mit eigenen Überlegungen auf ungefähre Lösungen kommt.

Links siehst du einen kurzen Teil eines Kinofilmstreifens in Originalgröße. Mit dem Filmprojektor wird jedes Bild für einen kurzen Moment auf die Kinoleinwand projiziert. In einer Sekunde müssen 24 Bilder gezeigt werden, damit die Illusion einer gleichmäßigen Bewegung entsteht.

Perforation
Mit Hilfe dieser Löcher wird der Film über Zahnräder durch den Filmprojektor gezogen. Jedes Bild ist genau 4 Perforationslöcher hoch.

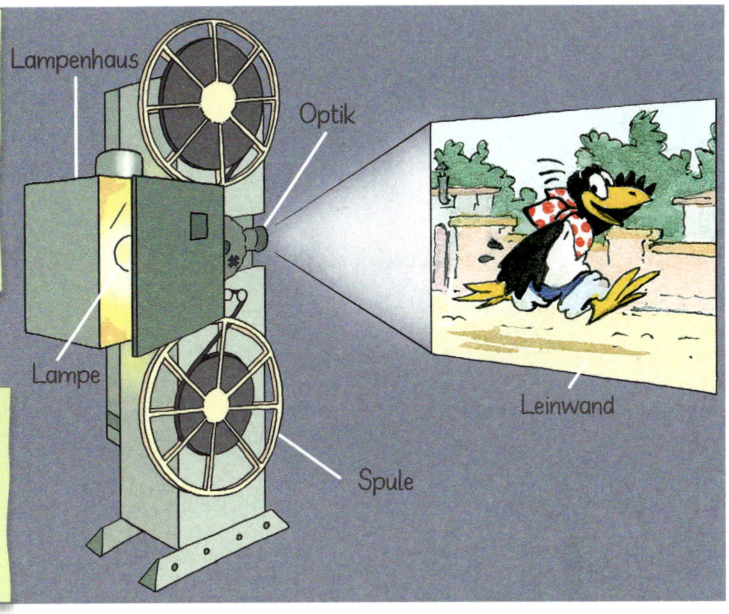

Tonspuren
Hier ist der Ton des Films gespeichert. Bei Kinofilmen gibt es sehr viele Tonspuren, zum Beispiel für Raumklang.

Zeichentrickfilme
Die Entstehung eines Zeichentrickfilms ist besonders aufwändig. Hierzu werden alle Bilder von Hand gezeichnet und anschließend auf den Filmstreifen abfotografiert. Um den Zeichenaufwand möglichst gering zu halten, werden pro Filmsekunde nur 12 Zeichnungen gefertigt, von denen jede zweimal hintereinander auf den Filmstreifen fotografiert wird.

1 Wie lang ist der Filmstreifen für einen zweistündigen Kinofilm? Übertrage die Tabelle in dein Heft und führe sie fort. Runde wenn nötig.

Spielzeit	Länge des Filmstreifens
1 s	cm
1 min	m
10 min	
20 min	
…	
2 h	km

Für die Länge des Filmstreifens bei einer Sekunde messe ich links die Höhe von 12 Bildern und verdopple dann.

2 Stelle deinem Partner Fragen zu den Texten. Überlegt, ob ein Überschlag ausreicht.

Der erste abendfüllende Zeichentrickfilm war im Jahre 1937 „Schneewittchen und die sieben Zwerge". Der Film läuft 83 Minuten.

In den Kinos werden die Filme nicht an einem Stück, sondern auf mehreren Rollen verteilt angeliefert. Eine angelieferte Rolle ist maximal 20 Minuten lang.

Trax

Gewicht:	4 kg
Größe:	64 cm
Alter:	10 Jahre
Geschwindigkeit:	50 km/h

Känguru

Gewicht:	70 kg
Größe:	160 cm
Alter:	20 Jahre
Geschwindigkeit:	88 km/h

Husumer Landschwein

Gewicht:	350 kg
Größe:	92 cm
Alter:	20 Jahre
Geschwindigkeit:	20 km/h

Giraffe

Gewicht:	1 930 kg
Größe:	600 cm
Alter:	25 Jahre
Geschwindigkeit:	50 km/h

1 Die Kinder der 3a haben nach einem Besuch im Zoo Informationskarten über Tiere erstellt.

a) Welches ist dein Lieblingstier? Kannst du es auf dieser Seite entdecken? Beschreibe es mithilfe der Informationskarte deinem Partner.

b) Suche dir 5 Tiere aus. Sammle die verschiedenen Angaben zur Größe der Tiere in einer Tabelle.

c) Zeichne ein Balkendiagramm zur Größe der verschiedenen Tiere. Für wie viele Zentimeter könnte ein Kästchen stehen? Überlege genau, bevor du anfängst zu zeichnen.

2 Du kennst auch noch andere Zootiere. Finde heraus, wie groß und wie alt sie werden können.

a) Schreibe Informationskarten zu den Tieren.

b) Gestaltet eine Ausstellung im Klassenzimmer.

Trampeltier

Gewicht:	1 000 kg
Größe:	230 cm
Alter:	35 Jahre
Geschwindigkeit:	15 km/h

Gepard

Gewicht:	65 kg
Größe:	130 cm
Alter:	16 Jahre
Geschwindigkeit:	120 km/h

Seelöwe

Gewicht:	200 kg
Größe:	250 cm
Alter:	28 Jahre
Geschwindigkeit:	40 km/h

Löwe

Gewicht:	260 kg
Größe:	200 cm
Alter:	25 Jahre
Geschwindigkeit:	75 km/h

Pinguin

Gewicht:	5 kg
Größe:	70 cm
Alter:	25 Jahre
Geschwindigkeit:	36 km/h

Alle Zahlen geben die Höchstwerte an.

3 Wie hoch sind die Futterkosten für …

a) die einzelnen Tiere in einer Woche (in 4 Wochen)

b) 5 Kakadus in einer Woche?

c) 5 Seelöwen in zwei Wochen?

d) alle 5 Tiere in 4 Wochen zusammen?

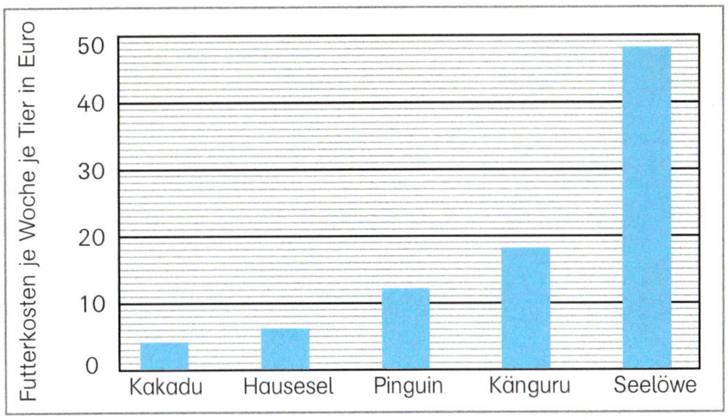

---

4 Jährliche Futterkosten in einem Zoo:

25 €	100 €	500 €	1000 €	5000 €
Ente	Sittich	Adler	Gibbon	Elefant
Gans	Storch	Geier	Meerkatze	Gorilla
Hamster	Schaf	Kamel	Robbe	Tiger
Rennmaus	Ziege	Zebra	Antilope	Tümmler

Vergleiche die Futterkosten der Tiere und stelle Fragen dazu.
Zum Beispiel: Wie viele Gänse verursachen die gleichen Futterkosten wie …?

---

5 Ein ausgewachsener Löwe frisst ungefähr 8 kg Fleisch am Tag, eine Löwin ungefähr 6 kg.
Dienstag ist Fastentag, das heißt, es gibt nichts zu fressen.
Wie viel Fleisch fressen der Löwe und die Löwin …

a) in einer Woche?

b) in einem Monat (4 Wochen)?

c) in einem Jahr?

---

6 In vielen Zoos kann man für ein Jahr eine Futterpatenschaft übernehmen.
Die Patenschaft können sich auch mehrere Personen teilen.
Wie viel würde es für jeden kosten, wenn …

a) 5 Personen,

b) 10 Personen,

c) die Kinder in deiner Klasse die Patenschaft übernehmen?

30 € pro Jahr
Chinchilla
Schmuckschildkröte
Silbermöwe

50 € pro Jahr
Chamäleon
Pelikan
Krauskopfpelikan
Zebra
Murmeltier
Pfau

250 € pro Jahr
Grüne Baumpython
Hellroter Ara
Kamel
Riesenotter
Königspython
Kragenechse
Seepferdchen

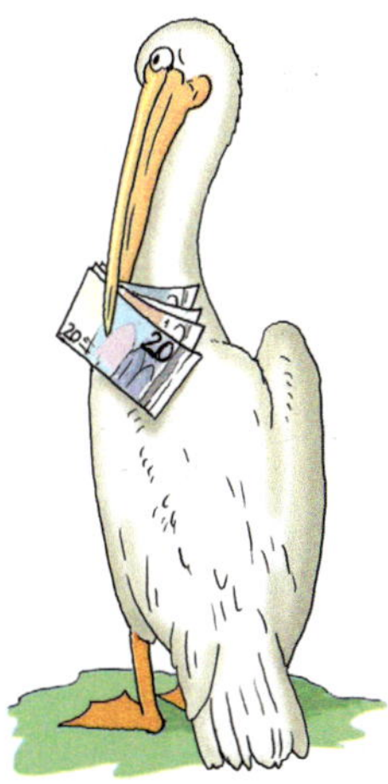

9 — · 7 → ☐ — − 27 → ☐ — : 9 → ☐ — · 6 → ☐ — + 48 → **72**

72 — : 8 → ☐ — · 6 → ☐ — + 39 → ☐ — − 48 → ☐ — : 5 → ☐ — + 33 → ☐ — : 6 → ☐ — · 4 → **28**

9 — + 23 → ☐ — : 4 → ☐ — · 7 → ☐ — − 29 → ☐ — : 3 → ☐ — · 10 → ☐ — − 27 → ☐ — : 9 → **7**

7 — · 5 → ☐ — + 46 → ☐ — − 65 → ☐ — : 4 → ☐ — · 7 → **28**

1 Wie viel müssen die Kinder bezahlen? Prüfe deine Ergebnisse mit dem Überschlag.

Zeichenblock A4:	2,90 €
Pinselset:	2,70 €
Plakatfarbe:	1,36 €
Bastelschere:	0,56 €
Mossgummiplatten:	6,99 €
Bastelkleber klein:	1,29 €
groß:	2,69 €

a) Tina kauft einen Zeichenblock und 3 Flaschen Plakatfarbe.

b) Franz kauft 4 Bastelscheren und eine Packung Moosgummiplatten.

c) Toni kauft zwei große Tuben Bastelkleber und ein Pinselset.

2 Welche Zahlen können es sein? Notiere alle.

a) Meine Zahlen sind alle zweistellig. Ihre Quersumme beträgt 6.

b) Meine Zahlen sind alle dreistellig. Sie haben die Quersumme 5.

3 Zeichne alle Figuren in dein Heft und ergänze das Spiegelbild.

4 Schreibe in Sekunden.

a)	b)
4 min	9 min 12 s
6 min	12 min 3 s
9 min	25 min
13 min	60 min

5 Schreibe in Minuten.

a)	b)
4 h	7 h 18 min
7 h	12 h 25 min
$\frac{1}{2}$ h	8 $\frac{1}{2}$ h
$\frac{3}{4}$ h	6 $\frac{3}{4}$ h

6 Löse die Fermi-Aufgaben.

a) Wie viele Äpfel isst du in deinem Leben?

b) Wie viele Buchstaben stehen im „Nussknacker"?

c) Wie alt bist du in Minuten?

 Reflexion: Kinder sollen über ihren Lernstand sprechen.

1 Zahlen bis 1000: Was passt zusammen?

F 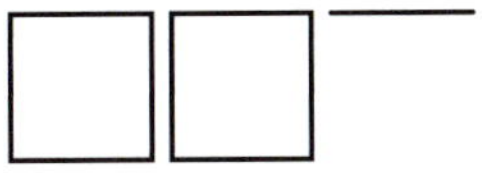	O: E H Z / 3 3 0	A: 156	L: dreihundertdrei
T 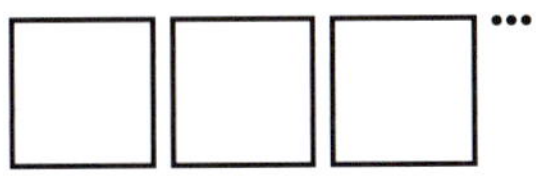	L: Z E H / 5 6 1	I: 210	R: einhundert-sechsundfünfzig
K 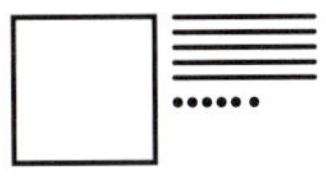	E: H E Z / 2 0 1	L: 303	N: zweihundertzehn

2 Nachbarzehner und Nachbarhunderter

a) 147, 565, 253, 769
b) 651, 240, 716, 199
c) 900, 614, 478, 202

140, 147, 150
100, 147, 200

147 ≈ 150
147 ≈ 100

3 Q Addieren und subtrahieren bis 1000.

a) 352 + 4 14
352 + 40 14
352 + 400 14

132 + 600 12
132 + 60 12
132 + 6 12

b) 987 − 1 23
987 − 10 23
987 − 100 23

424 − 200 8
424 − 20 8
424 − 2 8

c) 450 + 320 14
630 + 170 8
540 + 280 10

238 + 549 22
274 + 149 9
162 + 558 9

d) 770 − 420 8
950 − 650 3
830 − 480 8

666 − 139 14
419 − 239 9
953 − 668 15

4

a) 1 · 7
10 · 7
2 · 7
20 · 7

b) 10 · 16
9 · 16
8 · 16
☐ · 16

c) 9 · 11
8 · 12
7 · 13
6 · ☐

d) 18 : 9
180 : 9
27 : 9
☐ : 9

e) 600 : 9
600 : 8
600 : 7
600 : ☐

f) 123 : 2
234 : 3
345 : 4
456 : ☐

5

a) So viele Semmeln liefert die Bäckerei täglich in das Lokal „Frühstückslust“.
b) Wie viele sind das von Montag bis Freitag?
c) Samstags wird die dreifache Menge benötigt, sonntags die vierfache Menge.

1 Längen-Quartett: Was fehlt? Übertrage ins Heft und ergänze.

Kilometer	■	■	m	Zentimeter	■	Millimeter	■
So lang wie 2 und eine halbe Runde um den Sportplatz.	1 km = 1000 ■	So lang wie …	1 m = ■ cm	Etwa so lang …	1 cm = ■ mm	Etwa …	 Floh

2 Ordne. Beginne mit dem kleinsten Gewicht.

a) 500 kg, 600 g, 748 kg, 43 g, 895 g
b) 230 g, 748 kg, 5 kg 400 g, 2 300 g
c) 470 kg, 4 kg 007 g, 47 kg 700 g, 477 g
d) 3 kg, 30 kg, 330 g, 303 kg, 333 g

3 Rechne um

a) in Stunden und Minuten.
90 min, 205 min, 479 min, 362 min
b) in Minuten und Sekunden.
85 s, 195 s, 518 s, 361 s, 12 s

4

Raststätte Schönblick
Im Angebot

Bratwurst:	2,90 €
Salatteller:	6,50 €
Brezel:	1,30 €
Apfelsaft:	2,90 €
Orangensaft:	3,20 €

a) Familie Huber kauft 2 Bratwürste, 2 Salatteller, 4 Brezeln, 3 Apfelsaft und 1 Orangensaft.

b) Familie Müller kauft 5 Salatteller. Wie viel würden sie sparen, wenn sie statt Salat 5 Bratwürste kaufen?

c) Frau Taler kauft 2 Waren für 4,50 €.

d) Herr Maier bezahlt für 3 Getränke 9 €.

5 Formen und Muster

a) 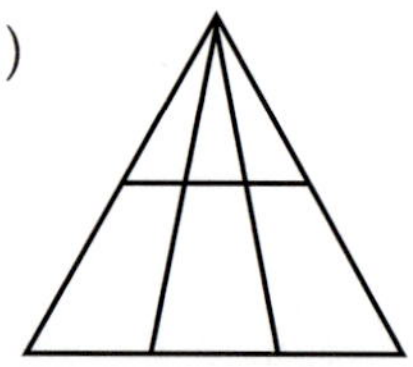

Wie viele Dreiecke?
Wie viele Vierecke?

b) 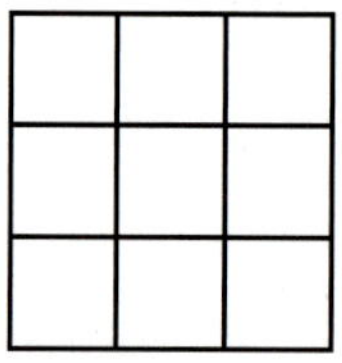

Wie viele Quadrate?

6 Übertrage ins Heft und zeichne weiter.

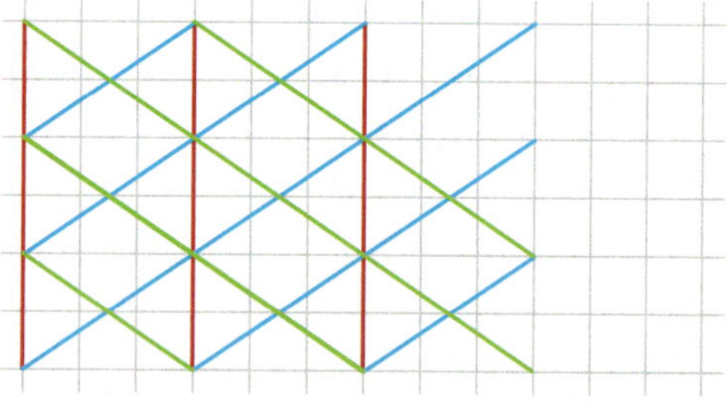

7 Was gehört zusammen?

1 Quader
2 Pyramide
3 Kegel
5 Würfel
4 Kugel
6 Zylinder

A nur 1 Fläche
B 6 quadratische Flächen
C nur rechteckige Flächen
D genau 3 Flächen
E genau 8 Kanten
F nur 1 gewölbte und 1 ebene Fläche

Rechenkonferenz

Ich

Bearbeite die Aufgabe allein.

Welche Ideen hast du?
Welches Material kann dir helfen?

Denke nach und notiere:
- Wie löst du die Aufgabe?
- Warum löst du die Aufgabe auf diesem Weg?
- Was ist besonders einfach oder besonders schwierig?

Du

Sprecht in der Gruppe über die Aufgabe.

Jeder stellt seine Ergebnisse vor.
Die anderen hören zu.
Frage nach, wenn du etwas nicht verstehst.

Besprecht und schreibt auf:
- Welche verschiedenen Ideen gibt es in eurer Gruppe?
- Welche Idee hilft am besten bei der Lösung der Aufgabe? Warum?

Wir

Jede Gruppe stellt ihre Ideen vor.

Welche verschiedenen Ideen gibt es in der Klasse?

Sprecht in der Klasse:
- Wie könnt ihr solche Aufgaben in Zukunft geschickt lösen?

Wortspeicher

Ich habe mir überlegt …
Ich habe so gerechnet, weil …
… ist schwierig, weil …
… ist einfach, weil …
Ich verstehe nicht, warum …
Ich finde deine Idee gut, weil …

Zahlen

Einer-Würfel

Zehner-Stange

Hunderter-Platte

Tausender-Block

486 

486 = 400 + 80 + 6

H	Z	E
4	8	6

vierhundertsechsundachtzig

486 = 4 H + 8 Z + 6 E

Nachbarzahlen

264

Vorgänger 263	Nachfolger 265
Nachbarzehner	260 und 270
Nachbarhunderter	200 und 300

Vergleichen

< ist kleiner als	723 < 732
> ist größer als	941 > 914
= gleich	586 = 586

Runden ≈

bei 0, 1, 2, 3, 4 wird abgerundet
bei 5, 6, 7, 8, 9 wird aufgerundet

auf Zehner gerundet: 584 ≈ 580
auf Hunderter gerundet: 584 ≈ 600

Quersumme Q

Die Quersumme einer Zahl ist die Summe aller Ziffern dieser Zahl.

Q von 437: 4 + 3 + 7 = 14

Q von 890: 8 + 9 + 0 = 17

Rechnen

Schriftlich addieren

	H	Z	E
	5	2	7
+	3	4	6
		1	
	8	7	3

7 + 6 = 13, **3** an,
1 gemerkt,
2 + 4 + 1 = 7, **7** an,
5 + 3 = 8, **8** an.

Schriftlich subtrahieren

	H	Z	E
	7	3	5
	ı		
–	5	8	4
	1	5	1

5 – 4 = 1, **1** an,
3 – 8 geht nicht,
eins entbündeln,
13 – 8 = 5, **5** an,
7 – 1 – 5 = 1, **1** an.

multiplizieren

24 · 8 = 192

20 · 8 = 160
4 · 8 = 32

dividieren

96 : 4 = 24

80 : 4 = 20
16 : 4 = 4

Größen

Geld

Euro	€	1 € = 100 ct
Cent	ct	

4,75 € = 4 € 75 ct = 475 ct

Gewicht

Kilogramm	kg	1 kg = 1000 g
Gramm	g	

Länge

Kilometer	km	1 km = 1000 m
Meter	m	1 m = 100 cm
Zentimeter	cm	1 cm = 10 mm
Millimeter	mm	

2,38 m = 2 m 38 cm = 238 cm

Zeit

Tag		1 Tag hat 24 Stunden.
Stunde	h	1 h = 60 min
Minute	min	1 min = 60 s
Sekunde	s	

Wahrscheinlichkeit

So wahrscheinlich ist es, einen roten Steckwürfel zu ziehen:

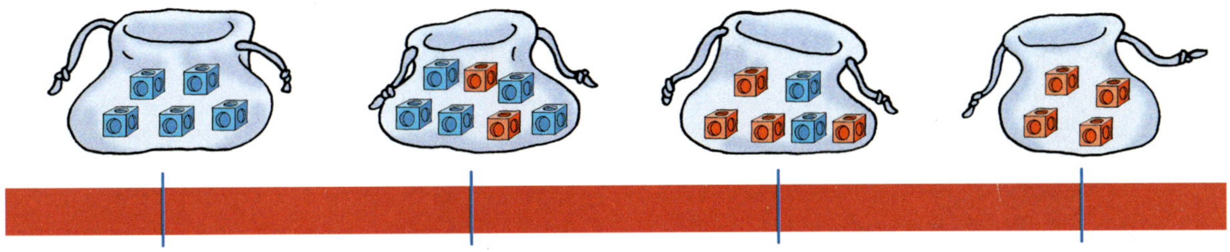

unmöglich — unwahrscheinlich — wahrscheinlich — sicher

Geometrie

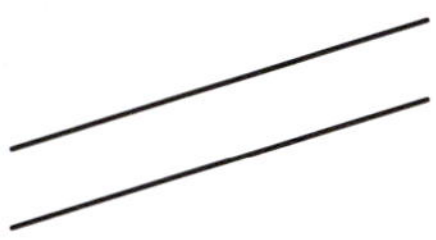

Die Geraden sind zueinander parallel.

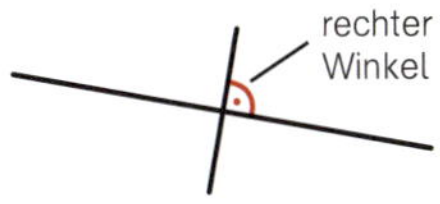

Die Geraden sind zueinander senkrecht.

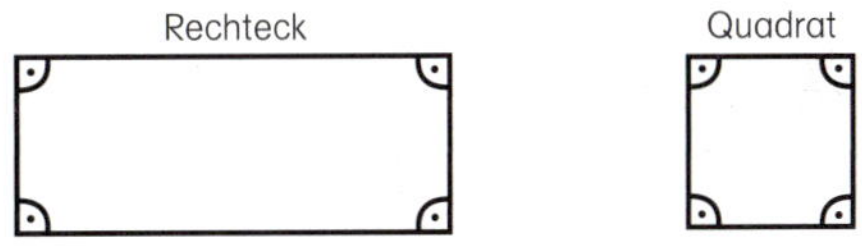

Jedes Rechteck und jedes Quadrat hat 4 rechte Winkel.

Körper

Würfel — Quader — Prisma — Pyramide — Zylinder — Kegel — Kugel

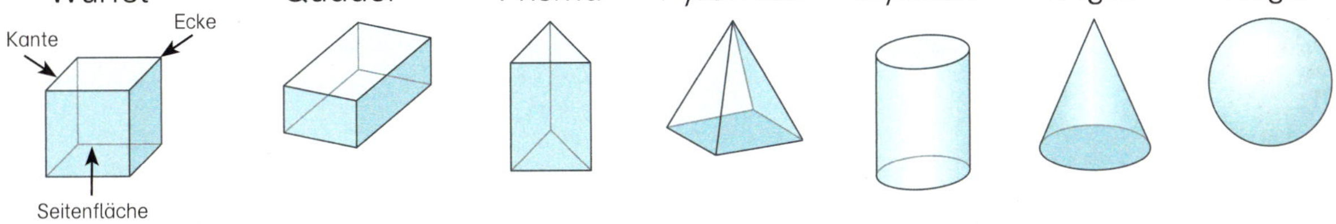

Beispiele für Würfelnetze

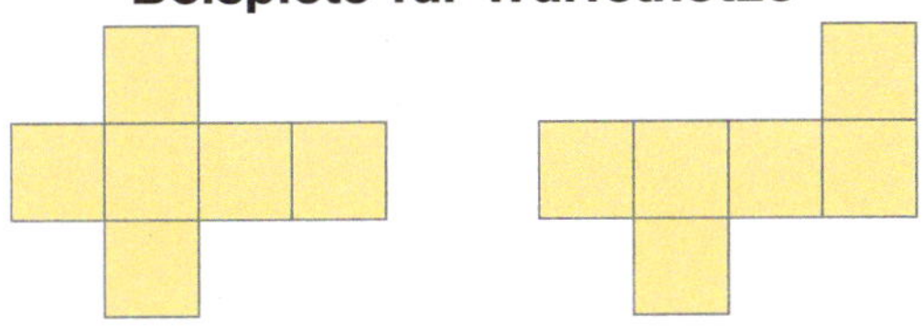

Symmetrie

Längen

1 mm

Dicke: 1-Cent-Stück

1 cm
10 mm = 1 cm

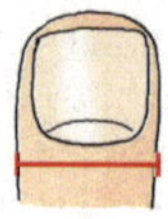

Fingerbreite

10 cm

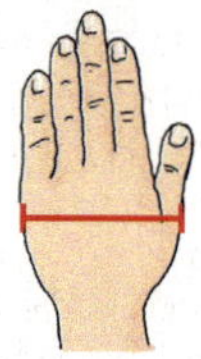

Handbreite

1 m
100 cm = 1 m

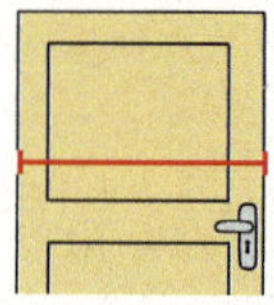

Türbreite

10 m

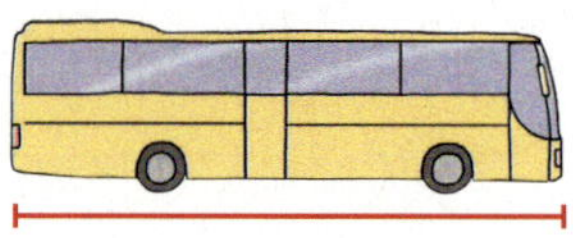

Länge: Bus

100 m

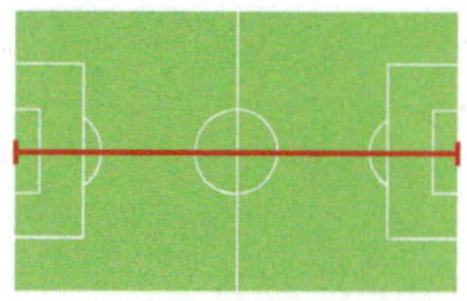

Länge: Fußballplatz

1 km
1000 m = 1 km

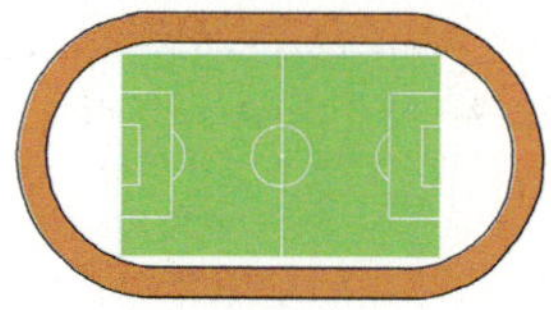

Stadion: $2\frac{1}{2}$ Runden

10 km

Wandern: 2 Stunden

100 km

Rad fahren: 1 bis 2 Tage

1000 km

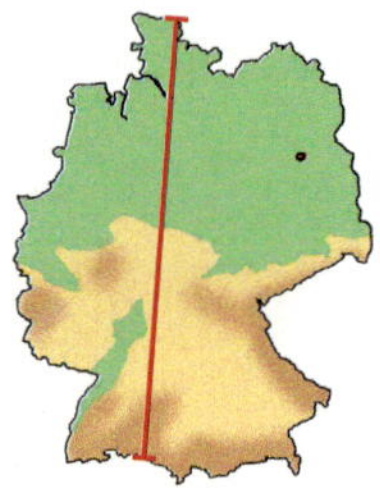

Deutschland: Nord–Süd

Gewichte

1 g

Salzstange

10 g

Vanillezucker

100 g

Schokolade

1 kg
1000 g = 1 kg

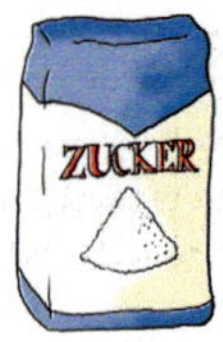

Zucker

10 kg

Fahrrad

100 kg

Motorroller

1000 kg

Kleinwagen